Aurélien Grellet

Évaluation de la santé digestive du chiot en élevage

Aurélien Grellet

Évaluation de la santé digestive du chiot en élevage

Facteurs de risque des diarrhées de sevrage

Presses Académiques Francophones

Impressum / Mentions légales
Bibliografische Information der Deutschen Nationalbibliothek: Die Deutsche Nationalbibliothek verzeichnet diese Publikation in der Deutschen Nationalbibliografie; detaillierte bibliografische Daten sind im Internet über http://dnb.d-nb.de abrufbar.
Alle in diesem Buch genannten Marken und Produktnamen unterliegen warenzeichen-, marken- oder patentrechtlichem Schutz bzw. sind Warenzeichen oder eingetragene Warenzeichen der jeweiligen Inhaber. Die Wiedergabe von Marken, Produktnamen, Gebrauchsnamen, Handelsnamen, Warenbezeichnungen u.s.w. in diesem Werk berechtigt auch ohne besondere Kennzeichnung nicht zu der Annahme, dass solche Namen im Sinne der Warenzeichen- und Markenschutzgesetzgebung als frei zu betrachten wären und daher von jedermann benutzt werden dürften.

Information bibliographique publiée par la Deutsche Nationalbibliothek: La Deutsche Nationalbibliothek inscrit cette publication à la Deutsche Nationalbibliografie; des données bibliographiques détaillées sont disponibles sur internet à l'adresse http://dnb.d-nb.de.
Toutes marques et noms de produits mentionnés dans ce livre demeurent sous la protection des marques, des marques déposées et des brevets, et sont des marques ou des marques déposées de leurs détenteurs respectifs. L'utilisation des marques, noms de produits, noms communs, noms commerciaux, descriptions de produits, etc, même sans qu'ils soient mentionnés de façon particulière dans ce livre ne signifie en aucune façon que ces noms peuvent être utilisés sans restriction à l'égard de la législation pour la protection des marques et des marques déposées et pourraient donc être utilisés par quiconque.

Coverbild / Photo de couverture: www.ingimage.com

Verlag / Editeur:
Presses Académiques Francophones
ist ein Imprint der / est une marque déposée de
OmniScriptum GmbH & Co. KG
Heinrich-Böcking-Str. 6-8, 66121 Saarbrücken, Deutschland / Allemagne
Email: info@presses-academiques.com

Herstellung: siehe letzte Seite /
Impression: voir la dernière page
ISBN: 978-3-8381-4145-9

Copyright / Droit d'auteur © 2014 OmniScriptum GmbH & Co. KG
Alle Rechte vorbehalten. / Tous droits réservés. Saarbrücken 2014

Université Paris VI, Pierre et Marie Curie
Ecole Doctorale de Physiologie et physiopathologie

THESE de DOCTORAT de l'UNIVERSITE PARIS VI
Spécialité physiologie physiopathologie

Présentée par

Aurélien GRELLET

Pour obtenir le grade de Docteur de l'Université PARIS VI

Evaluation de la santé digestive du chiot en élevage : facteurs de risque des diarrhées

Thèse dirigée par :
Mr Cardot Philippe : Professeur, Université Pierre et Marie Curie, Paris, France
Mr Grandjean Dominique : Professeur, Ecole Nationale Vétérinaire d'Alfort

Rapporteurs :
Mr Beugnet Frédéric : Global Technical Director Parasitology, Société Merial, Lyon, France
Mr Peeters Dominique : Professeur, Université Vétérinaire de Liège, Belgique

Jury de thèse :
Mr Cardot Philippe : Professeur, Université Pierre et Marie Curie
Mme Chastant-Maillard : Professeur Ecole Nationale Vétérinaire de Toulouse
Mr Cosnes Jacques : Professeur, Université Pierre et Marie Curie
Mr Beugnet Frédéric : Global Technical Director Parasitology, Société Merial, Lyon, France
Mr Dominique Grandjean : Professeur, Ecole Nationale Vétérinaire d'Alfort
Mr Peeters Dominique : Professeur, Université Vétérinaire de Liège, Belgique
Mr Thiry Etienne : Professeur, Université Vétérinaire de Liège, Belgique

Remerciements

J'adresse mes remerciements aux Pr Dominique Grandjean et le Pr Philippe Cardot pour la confiance qu'ils m'ont accordée lors de la réalisation de ce travail.

Je remercie particulièrement Mr Alexandre Feugier pour son aide apportée durant ces trois années, pour ses précieux conseils scientifiques et rédactionnels dans l'élaboration des différents articles internationaux.

Je remercie chaleureusement Mr Bruno Carrez pour son soutien dans l'ensemble de ces études, son enthousiasme face aux différents projets, son engagement et son sérieux qui ont permis de réaliser les différentes études dans de bonnes conditions.

Je remercie, Monsieur Bruno Polack, Professeur à l'Ecole Nationale Vétérinaire d'Alfort, ainsi que le Dr Corine Boucraut-Baralon du laboratoire scanelis pour leur aide et leurs conseils au cours de ces trois ans.

Je remercie l'ensemble des éleveurs qui nous ont ouvert les portes de leur élevage et qui nous ont consacré du temps. Sans leur aide et leur passion de telles études ne seraient pas possible.

Je remercie Monsieur Dominique Peeters, Professeur de médecine interne à l'école vétérinaire de Liège, et le Dr Frédéric Beugnet du laboratoire Merial pour avoir accepté d'être les rapporteurs de cette thèse. Je remercie également Mme Sylvie Chastant-Maillard, Professeur de reproduction à l'école nationale vétérinaire de Toulouse, Monsieur Etienne Thiry, Professeur de virologie à l'école vétérinaire de Liège, et Mr Jacques Cosnes, Professeur à l'université Pierre et Marie Curie pour avoir accepté de faire partie du jury de cette thèse.

Merci également aux étudiants vétérinaires ayant été impliqués dans ce projet et tout particulièrement un grand merci à Julie Claudon, Coralie Robin et Laetitia Diallo pour leur sérieux et leur efficacité. Je remercie également l'équipe de l'UMES pour leur soutien.

Enfin, un remerciement tout spécial à la société Royal Canin, et particulièrement à l'équipe de Recherche et Développement pour m'avoir donné les moyens de réaliser ce projet, de m'avoir fait confiance tout au long de cette thèse et de m'avoir donné l'opportunité de participer à de nombreux congrès internationaux.

Table des matières

Liste des figures..9

Liste des tableaux..11

Abréviations 13

Introduction..15

Partie bibiographique...17

1. L'approche systémique 18
   1.1. Description générale de la systémique 18
   1.2. Approche analytique vs approche systémique 19
   1.3. Système compliqué ou complexe ? 22
   1.4. Les systèmes : représentation, structure, organisation et régulation 23
      1.4.1. Définition d'un système 23
      1.4.2. Représentation des systèmes 24
      1.4.3. Variables de flux et variable d'états 24
      1.4.4. Niveau d'organisation et régulation des systèmes 24
      1.4.5. Le système d'élevage 25
   1.5. Approche systémique pour la santé digestive du chiot 26
2. Intégrité et immunité du système digestif : situation physiologique............... 27
   2.1 Barrière physique et fonctionnelle de l'épithélium intestinal 28
   IgA = Immunoglobuline A... 30
   2.2 Reconnaissance des antigènes intestinaux 30
   2.3 Déclenchement de la réponse immunitaire et production d'immunoglobuline A ... 31
      2.3.1 Activation des cellules B en plasmocytes sécréteurs d'IgA............ 32
      2.3.2 Transport des IgA au niveau du mucus intestinal 33
3. Les entéropathies chroniques 35
   3.1 Les différentes étiologies responsables de diarrhée chronique 35
   3.2 Mise en place de l'inflammation lors d'IBD... 37

4. Méthodes d'évaluation de la santé digestive 41
　4.1 Méthodes d'évaluation clinique 41
　　4.1.1 Développement du CIBDAI et du CCECAI 41
　　4.1.2 Intérêt de ces échelles 44
　4.2 Les biopsies intestinales 44
　　4.2.1 Réalisation 44
　　4.2.2 Morphométrie et populations cellulaires 44
　　4.2.3 Limites des biopsies intestinales 45
　　　4.2.3.1 Présentation des différentes limites 45
　　　4.2.3.2 Raisons des limites 46
　　4.2.4 Bilan et recommandations 49
　　　4.2.4.1 Définition de ce que l'on peut attendre d'une biopsie 49
　　　4.2.4.2 Recommandations 49
　　4.2.5 Perspectives et techniques en développement 49
　4.3 Marqueurs de la fonction et de l'intégrité intestinale 50
　　4.3.1 Les marqueurs de la perméabilité intestinale 52
　　　4.3.1.1 Les mono et disaccharides 52
　　　　4.3.1.1.1 Principe de mesure 52
　　　　4.3.1.1.2 Type de prélèvements 55
　　　　4.3.1.1.3 Facteurs physiologiques de variation des mesures de perméabilité intestinale 56
　　　　4.3.1.1.4 Facteurs pathologiques influençant la perméabilité intestinale 56
　　　　4.3.1.1.5 Perméabilité intestinale, signes cliniques et lésions histologiques 56
　　　4.3.1.2 L'inhibiteur de l'alpha1-protéinase (α1-PI) 57
　　4.3.2 Les marqueurs de la malassimilation d'origine intestinale 59
　　　4.3.2.1 La cobalamine 59
　　　4.3.2.2 Les folates 60
　　　4.3.2.3 Intérêt de doser simultanément les folates et la cobalamine 61
　　4.3.3 Les marqueurs d'une atteinte des villosités intestinales 63
　　　4.3.3.1 Synthèse et cycle de la citrulline 63
　　　4.3.3.2 Utilisation de la citrulline comme marqueur digestif 64
　　4.3.4 Les marqueurs de l'inflammation intestinale 65
　　　4.3.4.1 Les cytokines 65
　　　4.3.4.2 La lactoferrine 66

- 4.3.4.3 La calprotectine (S100A8/S100A9) 66
  - 4.3.4.3.1 Variations physiologiques 66
  - 4.3.4.3.2 Variations pathologiques chez l'homme 68
  - 4.3.4.3.3 Etude chez le chien 70
- 4.3.4.4 La protéine S100A12 70
- 4.3.4.5 Les protéines de phase aiguë 70
  - 4.3.4.5.1 Présentation des différentes protéines de phase aiguë 70
  - 4.3.4.5.2 Variations physiologiques des concentrations de protéines de phase aiguë 74
  - 4.3.4.5.3 Protéines de phase aiguë et maladies gastro-intestinales 74
- 4.3.4.6 Le leucotriène E4 75
  - 4.3.4.6.1 Origine du leucotriène E4 75
  - 4.3.4.6.2 Utilisation du leucotriène E4 comme marqueur lors d'IBD chez l'homme 75
  - 4.3.4.6.3 Utilisation du leucotriène E4 comme marqueur lors d'IBD chez le chien 76
- 4.3.5 Les marqueurs de l'immunité locale 76
  - 4.3.5.1 Les immunoglobulines 76
  - 4.3.5.2 Marqueur des maladies à médiation immunitaire 77
- 4.3.6 Bilan des différents marqueurs 79

Partie expérimentale..81

Etude préliminaire...85

Partie 1 : Méthodes d'évaluation de la santé digestive chez le chiot....................89

Partie 2 : Facteurs influençant la santé digestive chez le chiot.............................93

Etude 2A: Facteurs de risque des diarrhées de sevrage chez le chiot en condition d'élevage..........94

Etude 2B: Effet de l'âge et des parasites digestifs sur les concentrations en calprotectine fécale....97

Partie 3 : Prévalence d'un nouvel agent pathogène potentiel : les astrovirus 99

Discussion générale 102

1. Influence de l'âge sur les marqueurs de la santé digestive et les pathogènes intestinaux 103
2. Pathogènes intestinaux et troubles digestifs 104
   - 2.1 Impact du parvovirus en élevage canin 105
     - 2.1.1 Impact du parvovirus sur la qualité des selles et le gain moyen quotidien 105
     - 2.1.2 Gestion de la circulation du parvovirus en élevage 106
       - 2.1.2.1 Facteurs influençant l'apparition d'une maladie 106
       - 2.1.2.2 La prophylaxie hygiénique 107
       - 2.1.2.3 La prophylaxie médicale : la vaccination 110
   - 2.2 Les virus et parasites « émergents » 112
     - 2.2.1 L'astrovirus et le norovirus 112
     - 2.2.2 Le coronavirus pantropique 112
     - 2.2.3 Les trichomonadidés 113
   - 2.3. Influence de la flore digestive 114

Liste des publications 181

Liste des présentations internationales 183

Résumé des présentations orales 187

Résumé des présentations affichées 200

Références 209

Liste des figures

Figure 1: Le macroscope : une nouvelle manière de voir, de comprendre, d'agir 16
Figure 2: Approche systémique et cartésienne des approches complémentaires 18
Figure 3: Différence entre un système compliqué et complexe 19
Figure 4 : Représentation générale d'un système 20
Figure 5: Illustration d'un système de niveau 1 21
Figure 6 : Modèle conceptuel commun d'un système d'élevage 22
Figure 7: Modèle conceptuel général de la santé digestive 23
Figure 8:Paramètres intervenant dans le maintien d'une réponse intestinal adaptée 24
Figure 9: Schématisation de la barrière physique et fonctionnelle de l'épithélium intestinal 26
Figure 10: Schématisation des réponses immunitaires en fonction du type d'agent pathogène 27
Figure 11: Activation des cellules B en plasmocytes sécréteurs d'IgA au niveau des plaques de Peyer 28
Figure 12: Activation des cellules B en plasmocytes sécréteurs d'IgA hors des plaques de Peyer 29
Figure 13: De la stimulation bactérienne à la production d'IgA 30
Figure 14: Les différentes étiologies responsables de diarrhée chronique chez le chien 31
Figure 15: Déclenchement de la réponse inflammatoire lors d'IBD 33
Figure 16: Phase initiale de l'inflammation lors d'IBD 34
Figure 17: Mécanismes d'amplification de la réponse inflammatoire lors d'IBD 35
Figure 18: Classification des différents marqueurs de la fonction et de l'intégrité intestinale 47
Figure 19: Voies empruntées par les mono et disaccharides : théorie des deux pores 48
Figure 20: Voies empruntées par les mono et disaccharides: Modèle reposant sur un seul type de pore 49
Figure 21 : Pourcentage d'excrétion urinaire des différentes sondes après une administration orale 49
Figure 22 : Devenir de l'alpha 1 protéinase et de l'albumine lors d'une atteinte intestinale 53
Figure 23 : Mécanisme de transport et d'absorption du folate et de la cobalamine 57
Figure 24: Désordre dans le transport et l'absorption des folates et de la cobalamine 57
Figure 25: Cycle de la citrulline chez le chien 59
Figure 27: Facteurs pouvant expliquer une augmentation de la calprotectine fécale chez les jeunes individus 62
Figure 28: Bilan des différents marqueurs de l'intégrité et fonction intestinale 74
Figure 29: Evaluation du score fécal : schéma systémique 80
Figure 30: Evaluation de la calprotectine : schéma systémique 92
Figure 31: Evaluation des facteurs de risque des diarrhées de sevrage : schéma systémique 114
Figure 32: Effet de l'âge et des parasites digestifs sur la concentration en calprotectine fécale: schéma systémique 130
Figure 33: Prévalence et facteurs de risque d'infection des chiots par l'astrovirus: schéma systémique 150
Figure 34: Facteurs intervenant dans l'apparition d'une maladie en collectivité 162
Figure 35: Etapes conseillées pour la gestion de la parvovirose en élevage canin 166

Liste des tableaux

Tableau 1: Différences entre l'approche analytique et systémique 17

Tableau 2: Echelle proposée par Jergen et al lors d'IBD chez le chien..37

Tableau 3: Echelle proposée par Allenspach et al lors d'IBD chez le chien....................................38

Tableau 4: Facteurs luminaux, pariétaux, internes et autres pouvant affecter l'excrétion urinaire d'un seul marqueur administré oralement..50

Tableau 5: Les différentes protéines de phase aiguë et leur concentration chez des chiens sains..................67

Tableau 6: Modifications de la concentration en APP en fonction de la maladie considérée......................68

Tableau 7: Caractéristiques des principaux désinfectants...163

Abréviations

α1-PI	α1-Proteinase Inhibitor (Inhibiteur de l'alpha 1 protéinase)
AGP	α_1-acid glycoprotein
APP	Acute Phase Protein (Protéine de Phase Aigue)
CCECAI	Canine Chronic Enteropathy Clinical Activity Index
CCV	Canine Coronavirus (Coronavirus Canin)
CIBDAI	Canine IBD Activity Index
CRP	C-Reactive Protein (Protéine C Réactive)
DAMP	Damage Associated Molecular Pattern Proteins
EPI	Exocrin Pancreatic Insufficiency (Insuffisance du Pancréas Exocrine)
ELISA	Enzyme-Linked Immunosorbent Assay
FRD	Food Responsive Diarrhea (Diarrhée répondant à l'aliment)
GALT	Gut Associated Lymphoid Tissu
GMQ	Gain Moyen Quotidien
HI	Inhibition de l'Hémagglutination
IBD	Inflammatory Bowel disease
IgA	Immunoglobuline A
IL	Interleukine
LTE4	Leucotriène E4
NOD	Nuclear Organization Domain
PAMP	Pathogen Associated Molecular Patterns
pANCA	Anticorps anti-neutrophiles cytoplasmiques périnucléaires
SIgA	Immunoglobulines A sécrétées
SSA	Serum Amyloid A
TLI	Trypsin-Like Immunoreactivity
TLR	Tool Like Receptor
TNF	Tumor Necrosis Factor
TGF-β	Transforming Growth Factor β

Introduction

Aujourd'hui près de la moitié (48,7%) des foyers français possèdent au moins un animal de compagnie (enquête FACCO, source Sofres). Ainsi 59 millions d'animaux, dont 7,59 millions de chiens, partagent la vie des familles françaises. Chaque année 900 000 chiots sont adoptés ou achetés chez un des 9000 éleveurs canins français. Bien que la loi du 6 janvier 1999 donne une définition légale de l'élevage (« on entend par élevage de chiens ou de chats l'activité consistant à détenir des femelles reproductrices et donnant lieu à la vente d'au moins deux portées par an), les typologies d'éleveurs sont très variées. Il est ainsi possible de décrire 3 catégories d'éleveurs : les premiers sont les éleveurs occasionnels, simples particuliers qui possèdent un ou deux chiens. Ceux-ci souhaitent mettre leur chien à la reproduction pour des raisons personnelles (volonté d'avoir un descendant de leur animal, demande d'amis proches d'avoir un chiot…). L'aspect lucratif est presque toujours négligé chez ces personnes. Le deuxième groupe, les éleveurs familiaux élèvent également pour leur plaisir, par goût sans en faire une profession. Ce sont avant tout des passionnés pour qui la rentabilité n'est pas de mise. La troisième catégorie est le groupe des éleveurs professionnels. Ceux-ci exercent avant tout un commerce qui doit être rentable. Ce sont des chefs d'entreprise (ou d'exploitation) qui vivent et font vivre leurs employés sur l'activité de l'élevage. Celui-ci est en général de taille importante et concerne souvent plusieurs races.

Malgré ces différences, un point commun rapproche les éleveurs : 40 % d'entre eux sont confrontés à des troubles digestifs sur les chiots de leur élevage[1]. Les affections digestives représentent non seulement un problème pour l'animal (risque de déshydratation, et de mortalité) mais également un problème de santé publique. Une partie des agents infectieux excrétés par ces animaux malades sont en effet potentiellement zoonotiques, c'est le cas notamment pour *Giardia duodenalis* ou *Toxocara canis,* deux parasites digestifs fréquemment rencontrés chez le chiot[2-4]. Malgré cela, les études sur les affections digestives chez le chiot en condition d'élevage sont encore peu nombreuses ou incomplètes. La majorité des études scientifiques s'attachent à décrire ou à étudier l'impact d'un agent, ou d'un groupe d'agents infectieux, sur la santé digestive du chiot. Cependant, la situation en élevage canin ne peut être cantonnée à une approche cartésienne de la situation. En effet, plusieurs groupes d'agents infectieux peuvent agir ou interagir simultanément et d'autres paramètres non infectieux (stress, conditions environnementales) peuvent potentiellement amplifier ou même déclencher ces troubles digestifs. L'objectif de cette thèse de doctorat fut d'étudier la santé digestive chez le chiot en couplant les approches cartésienne et systémique.

Avant d'exposer nos résultats dans la partie expérimentale, nous commencerons par une synthèse bibliographique en 3 parties. La première partie aura pour but de présenter la systémique et son intérêt pour comprendre et modéliser la santé digestive chez le chiot. Une deuxième partie aura pour vocation de présenter le basculement d'un état d'équilibre intestinal à un état inflammatoire chronique. Enfin la troisième partie de cette synthèse abordera les moyens d'évaluation des entéropathies chroniques chez le chien (évaluation clinique, histologie et marqueurs digestifs).

Partie bibliographique

Partie bibliographique

1. L'approche systémique

C'est à la fin du 20ème siècle où l'être humain a découvert l'extraordinaire complexité du monde qui l'entoure (organismes vivants, sociétés humaines, systèmes artificiels conçus par les hommes). La complexité a toujours existé mais sa perception est récente. Pendant longtemps, les hommes ont recherché des explications simples et logiques. Ce fut d'abord le cas via la philosophie puis via la science au travers de la méthode cartésienne. Cette approche cartésienne a pour objectif de réduire la complexité à ses composants élémentaires. Cette approche est à l'origine des grands progrès réalisés par la science au cours des 19ème et 20ème siècles. Cette méthode, parfaitement adaptée à l'étude des systèmes stables constitués par un nombre limité d'éléments aux interactions linéaires ne convient plus dès lors que l'on considère la complexité organisée telle que rencontrée dans les grands systèmes biologiques. "Si *nous ne changeons pas notre façon de penser, nous ne serons pas capables de résoudre les problèmes que nous créons avec nos modes actuels de pensée*" disait Albert Einstein. Cette nouvelle manière de penser pour comprendre la complexité a un nom : l'**approche systémique**.

Les diarrhées chez le chiot en périsevrage ont suivi cette évolution. Les premières études se sont attachées à évaluer l'effet d'un facteur, comme par exemple l'effet d'un parasite, sur la qualité des selles sans investiguer l'influence d'autres facteurs, comme par exemple la présence d'une infection virale concommitante[5]. Cependant il n'est pas rare d'observer chez ces jeunes animaux la présence simultanée de plusieurs entéropathogènes[6]. Certains de ces agents pouvant interagir et moduler leurs effets[7]. L'approche cartésienne, bien que nécessaire, ne peut à elle seule permettre de comprendre les facteurs influençant les diarrhées de sevrage. Une approche plus globale, l'approche systémique, prend donc tout son sens pour comprendre les diarrhées chez le chiot. Cette première partie va donc s'attacher à présenter l'approche systémique et appliquer cette approche à la santé digestive du chiot.

1.1. Description générale de la systémique

Selon De Rosnay[8], l'approche systémique est un instrument (nommé symboliquement par l'auteur le macroscope) qui facilite la compréhension et l'étude de l'infiniment complexe, comme le microscope l'étude de l'infiniment petit et le télescope celle de l'infiniment grand (Figure 1).

Figure 1 : Le macroscope : une nouvelle manière de voir, de comprendre, d'agir[8]

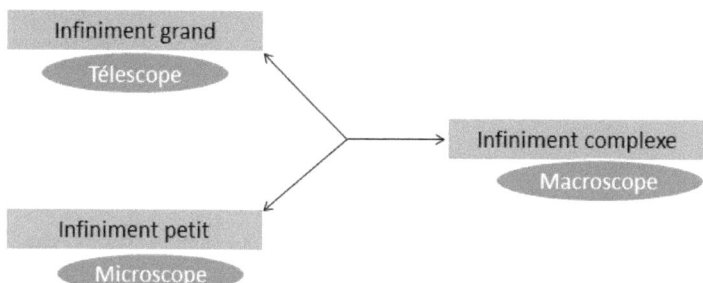

L'approche systémique est une approche globale pluridisciplinaire et pluritechnologique, une méthodologie qui rassemble et organise les connaissances en vue d'une plus grande efficacité de l'action. C'est un outil d'aide à l'observation, la compréhension, et l'action qui facilite l'acquisition des connaissances et l'accroissement du contrôle d'un système et de son environnement. L'approche systémique prend en compte une réalité dans sa globalité. Elle a pour but de « considérer un système dans sa totalité, sa complexité et sa dynamique propres »[9].

1.2. Approche analytique vs approche systémique

Contrairement à l'approche systémique, la démarche analytique selon la méthode cartésienne vise à diviser chacune des difficultés en autant de parcelles qu'il se pourrait et qu'il serait requis pour les mieux résoudre. Cette approche analytique permet donc la décomposition d'un système en ses éléments simples et l'étude des interactions entre ses éléments. Ensuite, la modification d'une variable à la fois permet de déduire les propriétés quant au comportement du système. La loi d'additivité des propriétés élémentaires permet de déduire le comportement global dans le cas d'un système simple. Cependant la synthèse de connaissances élémentaires ne restitue pas toujours bien la réalité, ne permet pas de prévoir les propriétés émergentes[9]. De plus, l'élaboration de la connaissance dans une démarche systémique insiste sur les relations et les interactions du système avec son environnement. D'après Watzlawick, « un phénomène demeure incompréhensible tant que le champ d'observation n'est pas suffisamment large pour qu'y soit inclus le contexte dans lequel le dit phénomène se produit. Ne pas pouvoir saisir la complexité des relations entre un fait et le cadre dans lequel il s'insère, entre un organisme et son milieu, fait que l'observateur bute sur quelque chose de "mystérieux" et se trouve conduit à attribuer à l'objet de son étude des propriétés que peut-être il ne possède pas »[9]. L'approche analytique née de la démarche cartésienne et l'approche systémique issue de la cybernétique et de la théorie des systèmes ne s'opposent pas, elles se complètent[8] (Tableau 1 ; Figure 2).

Figure 2 : Approches systémique et cartésienne : des modèles complémentaires

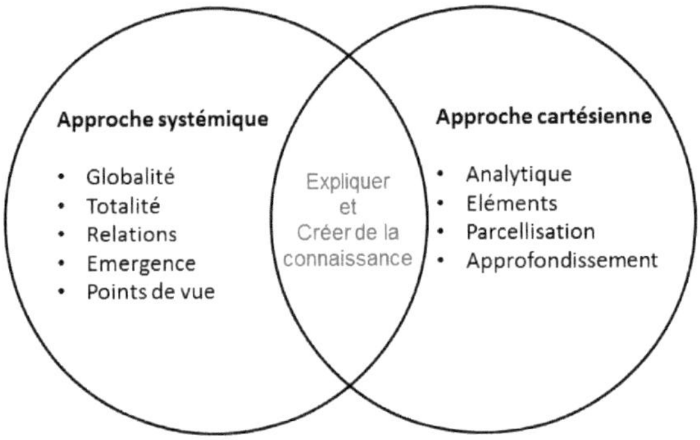

Approche systémique
- Globalité
- Totalité
- Relations
- Emergence
- Points de vue

Expliquer et Créer de la connaissance

Approche cartésienne
- Analytique
- Eléments
- Parcellisation
- Approfondissement

Tableau 1 : Différences entre l'approche analytique et systémique[8]

Approche analytique	Approche systémique
Isole : se concentre sur les éléments	Relie : se concentre sur les interactions entre éléments
Considère la nature des interactions	Considère les effets des interactions
S'appuie sur la précision des détails	S'appuie sur la perception globale
Modifie une variable à la fois	Modifie des groupes de variables simultanément
Indépendante de la durée : les phénomènes considérés sont réversibles	Intègre la durée et l'irréversibilité
La validation des faits se réalise par la preuve expérimentale dans le cadre d'une théorie	La validation des faits se réalise par comparaison du fonctionnement du modèle avec la réalité
Modèles précis et détaillés, mais difficilement utilisable dans l'action	Modèles insuffisamment rigoureux pour servir de base aux connaissances, mais utilisable dans la décision de l'action
Approche efficace lorsque les interactions sont linéaires et faibles	Approche efficace lorsque les interactions sont non linéaires et fortes
Conduit à un enseignement par discipline	Conduit à un enseignement pluridisciplinaire
Conduit à une action programmée dans son détail	Conduit à une action par objectifs
Connaissance des détails, but mal définis	Connaissance des buts, détails flous

L'utilisation de modèles s'impose pour appréhender la complexité et l'interdépendance. Les modèles visent à considérer les principaux éléments d'un système afin de les réunir et de mettre en évidence le mieux possible leur interdépendance, pour émettre des hypothèses sur le fonctionnement, le comportement du système. Un modèle est une construction symbolique (graphique, mathématique ou informatique) intégrant les propriétés, structures et fonctionnalités du système étudié[9].

1.3. Système compliqué ou complexe ?

Dans sa quête perpétuelle d'une meilleure compréhension de l'environnement dans lequel il évolue, l'homme est amené à devoir trouver des réponses aux questions fondamentales qui sont appelées à devenir elles-mêmes de plus en plus complexes. Dans ces conditions, la nécessité de développer de nouveaux moyens de se saisir de cette réalité apparaît comme fondamentale, et le développement de l'approche systémique comme évident. Pourtant, la constitution d'une science de la complexité passe d'abord par la tentative de définition de la complexité. Objets et situations complexes ont en commun un certain nombre de caractéristiques qu'il convient ici d'examiner. Un premier trait caractérisant la complexité tient au flou et à l'imprécision auxquels est confronté celui qui tente de déterminer la constitution, les dimensions et les frontières de l'objet complexe étudié. Cette première spécificité de la complexité permet de mettre en évidence la différence entre complexité et complication. Un objet ou une situation compliqué se laisse difficilement appréhendé, mais au terme d'un effort, aussi considérable soit-il, il est toujours possible de finir par en avoir une connaissance exhaustive, d'en comprendre la structure et les lois de fonctionnement. Aléa et instabilité sont les deux mots formant la deuxième particularité d'une situation complexe. Le temps joue ainsi un rôle fondamental dans l'évolution de la complexité qui apparaît comme un mélange instable d'ordre et de désordre. L'ambiguïté, liée à l'existence au sein d'une situation complexe de logiques antagonistes pourtant nécessaires constitue la troisième caractéristique d'une situation complexe. Enfin, la sensibilité des systèmes complexes à la moindre modification des contraintes extérieures rend bien souvent imprévisible, en tout cas incertain, le comportement de ces systèmes. Incertitude et imprévisibilité constitue un couple inhérent à la complexité (Figure 3).

Figure 3 : Différence entre un système compliqué et complexe

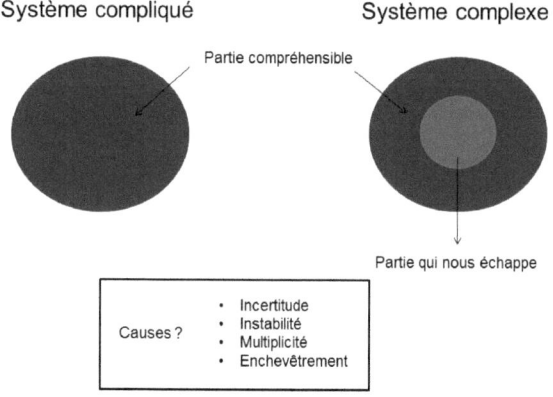

1.4. Les systèmes : représentation, structure, organisation et régulation

1.4.1. Définition d'un système

De nombreux auteurs ont défini la notion de « système », nous avons retenu deux définitions explicitant ses caractéristiques essentielles:
- « Ensemble d'éléments en interaction dynamique, organisés en fonction d'un but »
(De Rosnay, 1975)[8].
- « Objet qui, dans un environnement, doté de finalités, exerce une activité et voit sa structure interne évoluer au fil du temps, sans qu'il perde pourtant son identité » (Le Moigne, 1977)[9].

Selon les deux définitions précédentes, un système est une entité composée de divers éléments reliés entre eux, formant un tout délimité dans l'espace par une frontière avec son environnement. Les composants du système sont actifs, ils interagissent, leurs relations correspondent à des flux (de matière, d'énergie, d'information) qui régulent et maintiennent le système dans un état stable, équilibré (stabilité dynamique).

1.4.2. Représentation des systèmes

Il existe diverses façons de représenter les systèmes. La manière la plus courante est celle qui consiste à représenter le système dans son rapport avec son environnement, et de figurer les échanges d'énergie, de matériaux et d'informations. C'est la forme de représentation connue sous le nom de boîte noire dans laquelle le système apparaît comme un transformateur de variables d'entrée en variables de sortie (Figure 4). On ne se préoccupe pas dans un premier temps de savoir ce qui se passe à l'intérieur de la boîte.

Figure 4: Représentation générale d'un système

Variable d'entrée → SYSTEME → Variable de sortie

1.4.3. Variables de flux et variable d'états

Quelque complexe qu'il soit, tout système est constitué d'un certain nombre de variables qui sont généralement de deux types: les variables de flux et les variables d'état.
- Les variables de flux traduisent l'écoulement d'une grandeur, mesuré par la quantité de cette grandeur qui s'écoule entre deux instants.
- Les variables d'état traduisent elles la situation instantanée d'une des parties du système, l'accumulation au cours du temps d'une quantité donnée. Il s'agit d'un absolu, défini en lui-même et hors du temps.

Ces deux types de variables sont liés à tout instant. Si l'on fige le temps à un instant t, les variables de flux disparaissent alors que les variables d'état, elles, sont définies par le niveau qu'elles ont atteint à cet instant t.

1.4.4. Niveau d'organisation et régulation des systèmes

Dans son ouvrage *La théorie du système générale*, Jean-Louis Le Moigne propose une typologie des systèmes basée sur la structure des différents niveaux d'organisation. Les systèmes de degré un correspondent à une organisation constituée d'un *système de pilotage* et d'un *système opérant*. Le système de pilotage assure la régulation, le système opérant la transformation (Figure 5).

Figure 5: Illustration d'un système de niveau 1

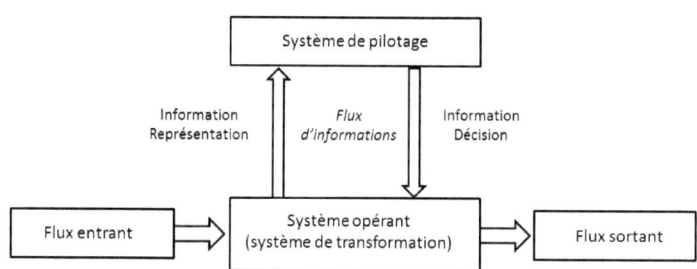

1.4.5. Le système d'élevage

Le système d'élevage est un ensemble d'éléments qui intervient dans l'élaboration de la production animale. Ce système possède les qualités essentielles d'un système complexe[9]. Selon Landais (1987) c'est « un ensemble d'éléments en interaction dynamique organisé par l'homme en vue de valoriser des ressources par l'intermédiaire d'animaux domestiques pour obtenir des productions variées (lait, viande, laine, travail, fumure) ou pour répondre à d'autres objectifs »[9]. Un système d'élevage est un système dynamique finalisé et piloté, dans lequel l'éleveur, ses prises de décisions et son activité sur l'ensemble des ateliers de productions animales sont centrales. Les chercheurs européens travaillant sur les systèmes d'élevage, ont validé un modèle conceptuel général, une base commune pour appréhender les systèmes d'élevage, quelle que soit l'espèce animale ou la discipline considérée[9]. Dans ce modèle, l'éleveur est le sous-système décisionnel. Il pilote, maîtrise l'évolution du système en agissant sur le sous-système biotechnique (opérant) qui assure la transformation physique des flux d'entrée en flux de sortie[9] (Figure 6). Cette transformation est réalisée par l'échange d'informations entre ces deux composants. Ces flux d'informations s'effectuent dans le sens ascendant « sous-système biotechnique / sous système décisionnel) et dans le sens descendant « sous système décisionnel / sous-système biotechnique ».

Figure 6 : Modèle conceptuel commun d'un système d'élevage

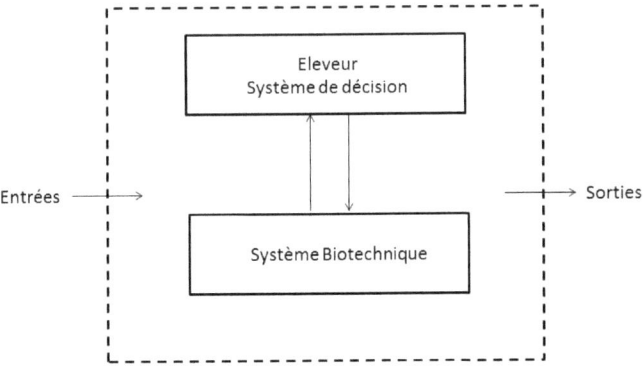

1.5. Approche systémique pour la santé digestive du chiot

Par analogie à une entreprise industrielle, piloter la santé digestive du chiot correspond à maîtriser trois types de savoir « savoir-faire, savoir comprendre, savoir-combiner »[9]. Nous allons donc appliquer ce modèle conceptuel générique à la santé digestive chez le chiot (Figure 7).

Dans ce modèle, l'éleveur est le sous-système décisionnel. Il pilote, maîtrise l'évolution du système en agissant sur la santé digestive. Pour contrôler ceci l'éleveur pilote à partir de 5 paramètres qu'il doit **savoir-combiner** : l'alimentation, la génétique, la reproduction, le logement, et la prophylaxie (ensemble des mesures médicales et hygiéniques visant à prévenir, limiter le développement, ou faire disparaître une maladie). Son **savoir-faire** lui permet d'agir sur les leviers biotechniques pour assurer la conversion des flux d'entrée (vaccin, antiparasitaire, aliment) du système en flux de sortie (chiot vivant ou mort). Cette conversion des flux se fait au niveau du sous-système de transformation : la santé digestive. Son **savoir-comprendre** lui permet de lire et d'intégrer la réponse des variables d'état afin de corriger son pilotage en fonction de ses objectifs. Les différentes variables d'état sont groupées au sein de 4 sous-unités du sous-système santé digestive (l'homéostase, la muqueuse digestive, la lumière digestive, les selles).

Figure 7: Modèle conceptuel général de la santé digestive

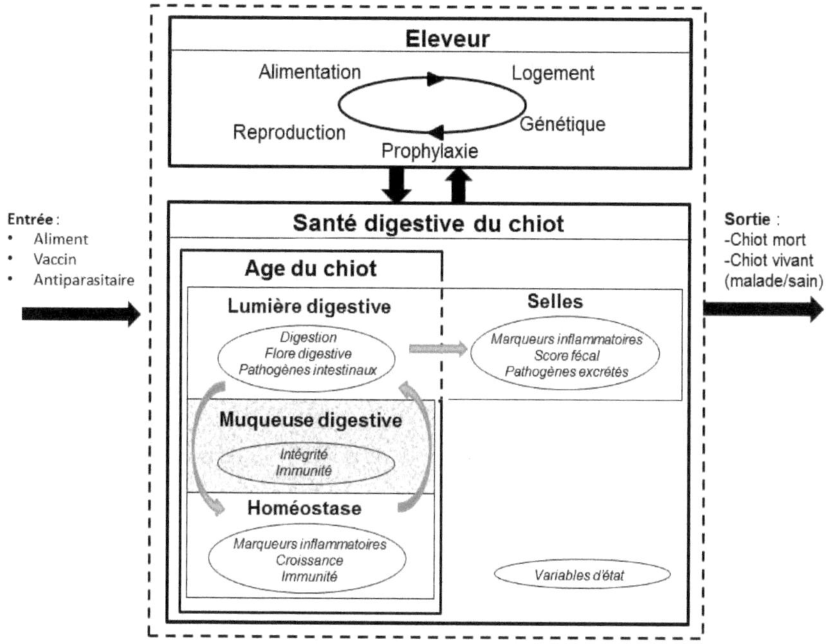

2. Intégrité et immunité du système digestif : situation physiologique

L'immunité intestinale est la partie la plus complexe et importante du système immunitaire. Non seulement l'intestin rencontre plus d'antigènes que les autres régions du corps mais il doit également discriminer les organismes pathogènes des antigènes non pathogènes (protéines alimentaires et flore commensale). La plupart des pathogènes pénètrent l'organisme via une muqueuse, comme la muqueuse intestinale, d'où la nécessité d'une réponse immunitaire efficace pour maintenir l'intégrité physiologique de ce tissu et éviter une diffusion systémique de l'agent. Cependant le développement d'une réponse immunitaire dirigée contre les antigènes non pathogènes est délétère et se traduit par le développement d'une inflammation intestinale. L'épithélium intestinal doit donc développer une tolérance immunologique. La barrière intestinale, le système immunitaire de l'individu et sa flore digestive sont trois facteurs intervenant dans cette tolérance digestive (Figure 8).

Figure 8: Paramètres intervenant dans le maintien d'une réponse intestinal adaptée

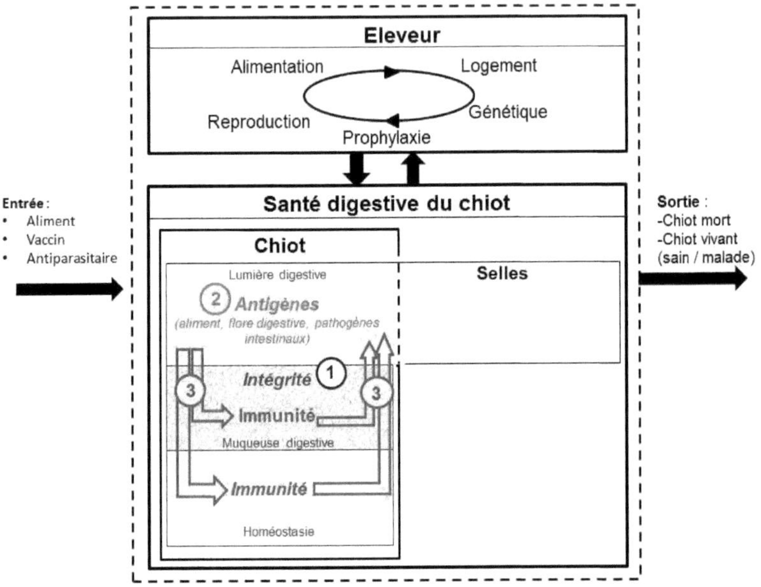

(1) barrière intestinale, (2) flore digestive de l'individu et (3) système immunitaire

2.1 Barrière physique et fonctionnelle de l'épithélium intestinal

L'épithélium intestinal fournit une barrière physique séparant les millions de bactéries commensales présentes dans la lumière intestinale de la lamina propria. Cinq types cellulaires le composent (Figure 9) :

(1) les **entérocytes** représentant la majorité des cellules de la muqueuse intestinale (environ 80 % des cellules de l'épithélium intestinal)

(2) les **cellules en gobelet** intervenant dans la production du mucus intestinal,

(3) les **cellules entéroendocriniennes** secrétant différentes hormones, comme la sérotonine, les peptides vasoactifs intestinaux, et la somatostatine. Ces hormones régulent la motilité et l'absorption intestinales, le flux sanguin et la sécrétion des fluides et des électrolytes.

(4) les **cellules de Paneth** produisant les peptides antimicrobiens. Ces peptides antimicrobiens, comme la défensine, rendent perméable la paroi bactérienne.

Différents types de peptides antimicrobiens sont produits par les cellules de Paneth : défensines, angiogenine 4, et la REG3γ (regenerating islet-derived protein 3γ).

(5) les **cellules M**, entérocytes spécialisés agissant comme cellules présentatrices d'antigènes.

Le tissu lymphoïde intestinal (Gut Associated Lymphoid Tissu : GALT) se situe tout le long du tube digestif au niveau de la lamina propria[10]. Un GALT se compose d'un dôme, d'une région folliculaire et parafolliculaire. Le dôme est composé de cellules M, la région folliculaire des lymphocytes B et la région parafolliculaire des lymphocytes T. Sous la lamina propria, deux couches de muscles lisses assurent les vagues péristaltiques permettant le transit intestinal.

Les cellules intestinales forment une barrière physique et fonctionnelle hautement spécialisée vis-à-vis des antigènes microbiens et alimentaires. Le maintien de cette intégrité est assuré physiquement par la présence de jonctions serrées entre les cellules intestinales, et la sécrétion d'un mucus digestif sur le pôle apical des cellules intestinales. La barrière fonctionnelle est quant à elle assurée par le péristaltisme intestinal et les sécrétions digestives (sucs gastriques et enzymes protéolytiques).

Figure 9 : Schématisation de la barrière physique et fonctionnelle de l'épithélium intestinal

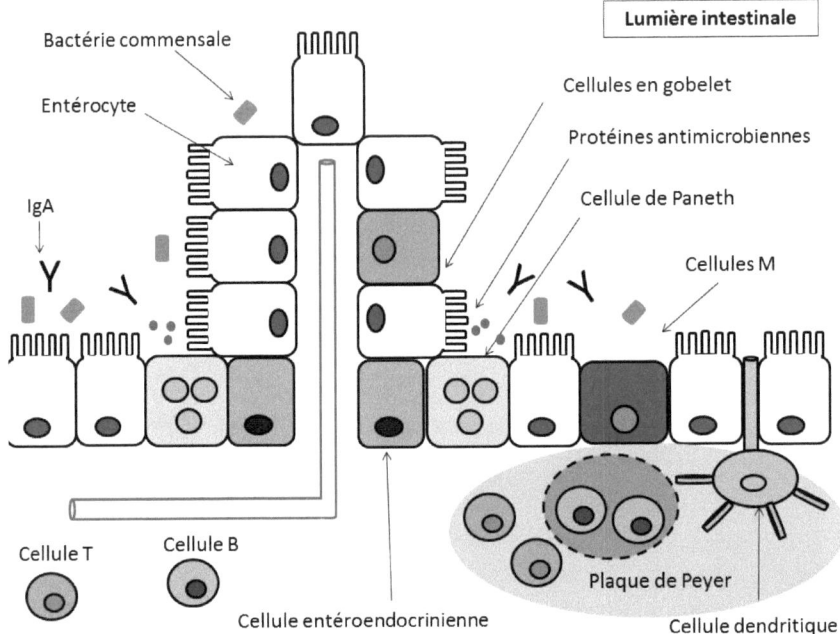

IgA = Immunoglobuline A

2.2 Reconnaissance des antigènes intestinaux

Malgré cette barrière physique et fonctionnelle, la muqueuse intestinale est capable de reconnaître et de répondre à des zones antigéniques virales et bactériennes particulières de la lumière intestinale (pathogen-associated molecular patterns PAMP)[11] (Figure 10). Les cellules M jouent un rôle important dans la reconnaissance de ces PAMP en intervenant comme cellules présentatrices d'antigènes. Les antigènes sont ainsi transportés de la lumière intestinale vers d'autres types de cellules présentatrices comme les macrophages ou les cellules dendritiques. Certaines cellules dendritiques, localisées entre les cellules épithéliales, interviennent également directement dans la reconnaissance des antigènes intestinaux.

Cette reconnaissance des PAMP se fait par l'intermédiaire de récepteurs spécifiques, les Toll-like receptor (TLR) et les nuclear organization domains (NOD), situés à la surface ou dans le cytoplasme des cellules M et dendritiques[10]. Ces TLR jouent un rôle important dans la réponse immunitaire innée contre les pathogènes intestinaux et dans l'homéostasie immunitaire[12]. Le TLR4 est un récepteur majeur des endotoxines bactériennes (lipopolysaccharides (LPS)). Ce récepteur, présent au niveau de l'estomac et de l'intestin grêle, pourrait jouer un rôle central dans les défenses de la muqueuse intestinale.

Figure 10 : Schématisation des réponses immunitaires en fonction du type d'agent pathogène[10]

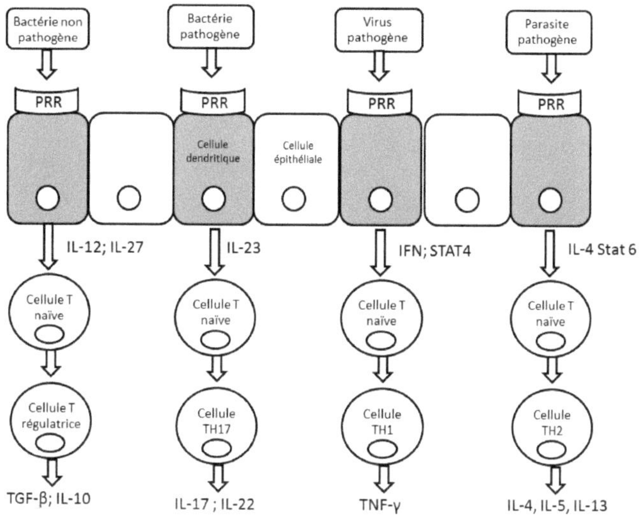

IL = Interleukine ; TGF = Transforming Growth Factor ; PRR = Pattern recognition receptor; STAT = Signal transducer and activator of transcription

2.3 Déclenchement de la réponse immunitaire et production d'immunoglobuline A

L'immunoglobuline A (IgA) représente l'élément majeur de la réponse immunitaire humorale assurant la protection contre les pathogènes intestinaux. Cette production d'IgA au niveau de la muqueuse intestinale passe par plusieurs étapes :
 - Activation des cellules B en plasmocytes sécréteurs d'IgA
 - Migration des plasmocytes dans les tissus cibles
 - Leur multiplication au niveau de la lamina propria

2.3.1 Activation des cellules B en plasmocytes sécréteurs d'IgA

La transformation des cellules B en plasmocytes sécréteurs d'IgA est induite par la production d'une enzyme spécifique appelée activation-induced cytidine deaminase. Le processus d'activation des cellules B varie en fonction du tissu lymphoïde considéré.

Au niveau des plaques de Peyer cette activation passe par une interaction entre les cellules B, les cellules dendritiques et lymphocytes T helper (Figure 11). Au niveau des plaques de Peyer, les cellules M présentent les PAMP au niveau des cellules dendritiques. Ces cellules dendritiques sécrètent alors de l'interleukine 6 (IL6) entrainant l'activation des cellules B en plasmocytes sécréteurs d'IgA[10]. Cependant cette transformation nécessite également une interaction des cellules B avec des lymphocytes T helper. Les cellules folliculaires T helper au contact des cellules dendritiques se transforment en cellules T régulatrices. Ces cellules sécrètent alors de l'acide rétinoïque et du transforming growth factor (TGF-β) permettant la transformation des cellules B en plasmocytes. Ces plasmocytes quittent alors les plaques de Peyer pour gagner le nœud lymphatique, puis la circulation lymphatique efférente et la circulation sanguine. Ces plasmocytes gagnent alors préférentiellement la lamina propria du tube digestif grâce à la présence d'adhésine α4β7[10].

Figure 11 : Activation des cellules B en plasmocytes sécréteurs d'IgA au niveau des plaques de Peyer

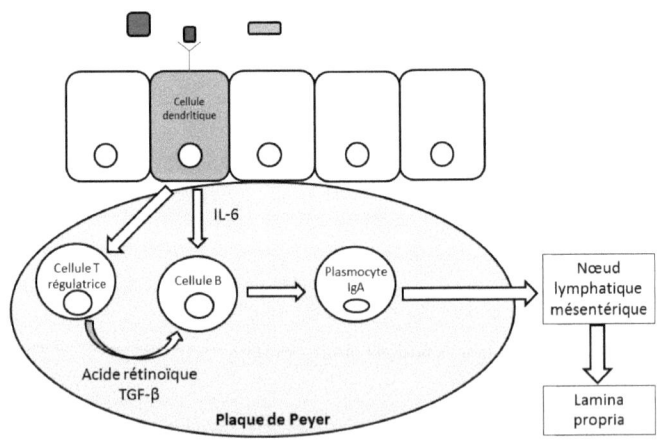

IL = Interleukine ; TGF = Transforming Growth Factor; IgA = Immunoglobuline A

Au niveau des follicules lymphoïdes isolés ou de la lamina propria, la transformation des cellules B en plasmocytes ne nécessite pas la présence de lymphocytes T helper. Les cellules dendritiques activées par cette fixation de l'antigène aux récepteurs TLR produisent des facteurs tel que le tumor necrosis factor (TNF) et des cytokines qui en synergie avec le TNF entrainent la transformation des cellules B en plasmocytes sécréteurs d'IgA (Figure 12). Ces plasmocytes restent alors localement et vont produire des IgA.

Figure 12 : Activation des cellules B en plasmocytes sécréteurs d'IgA hors des plaques de Peyer

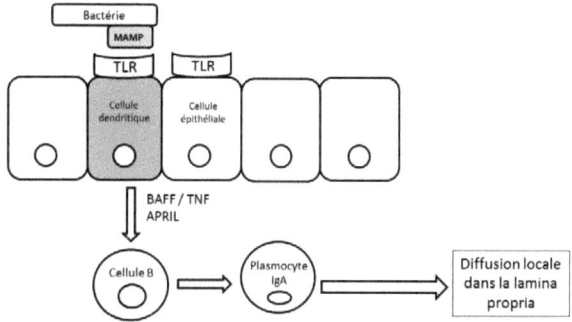

MAMP = Pathogen-associated molecular pattern; TLR = Tool Like Receptor;
BAFF = B-cell activating factor; TNF = Tumor Necrosis Factor

Chez les mammifères, les follicules lymphoïdes isolés ne se développent qu'après la naissance, quand la muqueuse intestinale a été colonisée par les bactéries commensales. Il est donc raisonnable de penser que la flore commensale du tube digestif est essentielle dans l'induction et le maintien de la production d'IgA.

2.3.2 Transport des IgA au niveau du mucus intestinal

Le rôle central des immunoglobulines repose sur l'existence de mécanismes actifs permettant leur transport jusqu'à la muqueuse digestive. Ce mécanisme de translocation dépend de l'interaction avec une glycoprotéine transmembranaire de 110-kDa, la pIgR, présente au niveau de la surface basolatérale des cellules de l'épithélium intestinal[10]. Les pIgR sont internalisés par endocytose depuis la membrane basolatérale en endosomes traversant les cellules épithéliales avant d'atteindre leur pôle apical (Figure 13). Au niveau de cette membrane apicale, ce récepteur est clivé par une protéase à la jonction entre la partie extracellulaire et la membrane cellulaire. Une partie de ce récepteur (le secretory component SC) est ainsi libéré dans les sécrétions. Cette partie du récepteur fait donc partie intégrante des IgA sécrétés (SIgA). Ce SC permet d'augmenter la stabilité des SIgA en leur assurant une plus grande stabilité vis-à-vis des protéases[13]. Les résidus glycosylés de ces récepteurs confèrent également au SIgA une plus grande capacité à s'intégrer dans le mucus intestinal augmentant ainsi leur pouvoir protecteur. Sachant que le transport des pIgR se fait de manière continue avec ou sans IgA, des SC libres sont libérés dans le mucus intestinal. Ces morceaux de récepteurs libres interviennent également dans les défenses de l'immunité locale vis-à-vis des pathogènes entériques.

Parallèlement à ce transport transmembranaire, une partie des IgA est apportée via les sécrétions biliaires. Chez le chien, comme chez l'homme ou le porc, les cellules de l'épithélium biliaire expriment des pIgR et assure la transcytose et la sécrétion d'IgA dans la bile[13].

Figure 13 : De la stimulation bactérienne à la production d'IgA

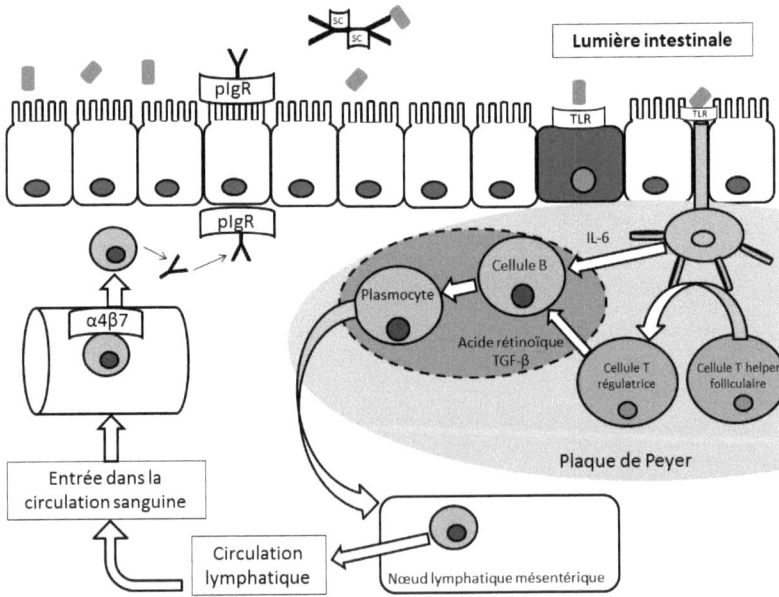

TLR = Tool Like Receptor; IL = Interleukine ; TGF = Transforming Growth Factor; IgA = Immunoglobuline A; pIgR = polymeric Ig receptor

3. Les entéropathies chroniques

Lorsque cet équilibre est brisé, le chien peut alors développer des entéropathies chroniques se manifestant cliniquement par des diarrhées chroniques ou récidivantes. Certaines de ces entéropathies peuvent être inflammatoires. Les IBD (Inflammatory Bowel Disease) font partie de ces entéropathies inflammatoires. Des chiens souffrant d'entéropathie chronique, et particulièrement d'IBD, furent inclus dans notre étude préliminaire visant à valider la calprotectine comme marqueur de l'inflammation intestinale. Aussi cette troisième partie s'attachera à présenter les différentes causes de diarrhée chronique avec un focus sur les IBD.

3.1 Les différentes étiologies responsables de diarrhée chronique

Les diarrhées chroniques sont communes chez le chien. Elles peuvent être d'origine extra-intestinale (hépatique, pancréatique, rénale, adrénale, ou thyroidienne) ou intestinale (entéropathie répondant aux antibiotiques, entéropathies répondant à un régime d'éviction, IBD, tumeur intestinale, entéropathie infectieuse) (Figure 14).

Ce chapitre se focalisera sur les diarrhées chroniques d'origine intestinale. Parmi les causes de diarrhée chronique se trouve un groupe de maladies d'origine indéterminée caractérisées par une inflammation de la muqueuse intestinale : les IBD[14]. Le diagnostic d'IBD repose sur plusieurs critères[15] :
(1) Un animal présentant des signes gastro-intestinaux persistants ou chroniques (>3 sem.)
(2) La mise en évidence d'une inflammation intestinale à l'histologie
(3) L'absence de cause d'inflammation intestinale
(4) L'absence de réponse à un régime d'éviction, aux traitements antibiotiques et antiparasitaires
(5) Une amélioration clinique suite à un traitement anti-inflammatoire ou immunosuppresseur.

Figure 14: Les différentes étiologies responsables de diarrhée chronique chez le chien

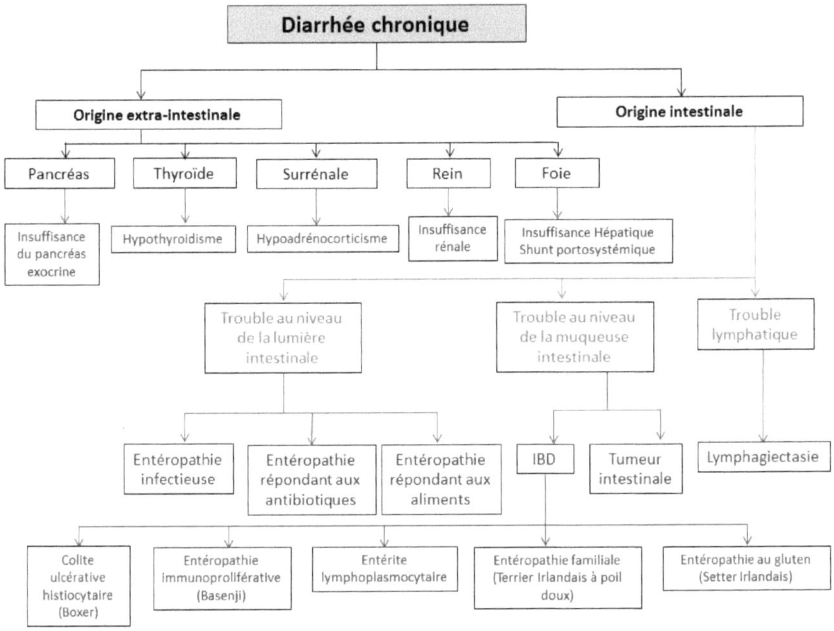

```
                              Diarrhée chronique
                                      │
                    ┌─────────────────┴─────────────────┐
              Origine extra-intestinale          Origine intestinale
                    │
    ┌────────┬──────┼──────┬────────┐
 Pancréas Thyroïde Surrénale Rein  Foie
    │        │        │       │      │
Insuffisance Hypo-  Hypo-  Insuffisance Insuffisance Hépatique
du pancréas thyroïdisme adrénocorticisme rénale  Shunt portosystémique
 exocrine

                  ┌──────────────────┼──────────────────┐
            Trouble au niveau  Trouble au niveau    Trouble
            de la lumière       de la muqueuse     lymphatique
             intestinale         intestinale
                  │                    │                 │
        ┌─────────┼─────────┐    ┌─────┴─────┐           │
   Entéropathie Entéropathie Entéropathie IBD  Tumeur  Lymphagiectasie
   infectieuse  répondant aux répondant aux    intestinale
                antibiotiques  aliments

   Colite      Entéropathie    Entérite     Entéropathie familiale   Entéropathie au gluten
 ulcérative immunoproliférative lymphoplasmocytaire (Terrier Irlandais à poil  (Setter Irlandais)
histiocytaire   (Basenji)                      doux)
  (Boxer)
```

L'entéropathie répondant aux aliments (FRD) fait référence à des entéropathies inflammatoires pour lesquelles les signes cliniques peuvent être contrôlés via l'utilisation d'un aliment spécifique sans la nécessité d'un traitement immunosuppresseur[16]. Actuellement le seul moyen de discerner l'IBD de la FRD repose sur la réponse ou non de l'animal à la mise en place durant 8 semaines d'un régime d'éviction[16,17].

La pathogénie de l'IBD comprendrait une interaction complexe entre l'environnement (antigènes alimentaires et bactériens), le système immunitaire et des gènes de sensibilité [18-20]. Ainsi certaines formes particulières d'IBD sont décrites chez certaines races comme la colite ulcérative histiocytaire chez le boxer[21], l'entéropathie immunoproliférative chez le Basenji[22], et l'entéropathie familiale du Terrier Irlandais à poil doux[23,24].

3.2 Mise en place de l'inflammation lors d'IBD

Le facteur déclenchant responsable de la cascade d'évènements induisant une altération de l'épithélium intestinal et une activation de la réponse immunitaire innée n'est pas encore clairement identifié. Deux éléments pourraient stimuler la réponse immunitaire innée (Figure 15). Le premier élément déclencheur serait la flore commensale de la lumière intestinale. Une mutation au niveau des PRR serait responsable d'une présentation inadéquate de la flore commensale reconnue alors comme pathogène. Le deuxième élément déclencheur serait un stress cellulaire. Les cellules endommagées libèreraient des damage-associated molecular pattern proteins (DAMP)[25]. Comme les PAMP, les DAMP, activeraient les cellules présentatrices d'antigènes (cellules dendritiques) qui à leur tour stimuleraient les lymphocytes T après migration au niveau des nœuds lymphatiques et induiraient également une réponse inflammatoire locale[25]. Cette inflammation locale est induite par différents médiateurs (IL-1, IL-6, IL8 et TNFα) qui stimulent la vasodilatation des artérioles et le recrutement des macrophages et neutrophiles à partir du flux sanguin[18]. Le recrutement de ces cellules inflammatoires au niveau de la muqueuse entraine alors une destruction des cellules épithéliales permettant le passage de nouveaux antigènes au travers de la lamina propria.

Figure 15: Déclenchement de la réponse inflammatoire lors d'IBD

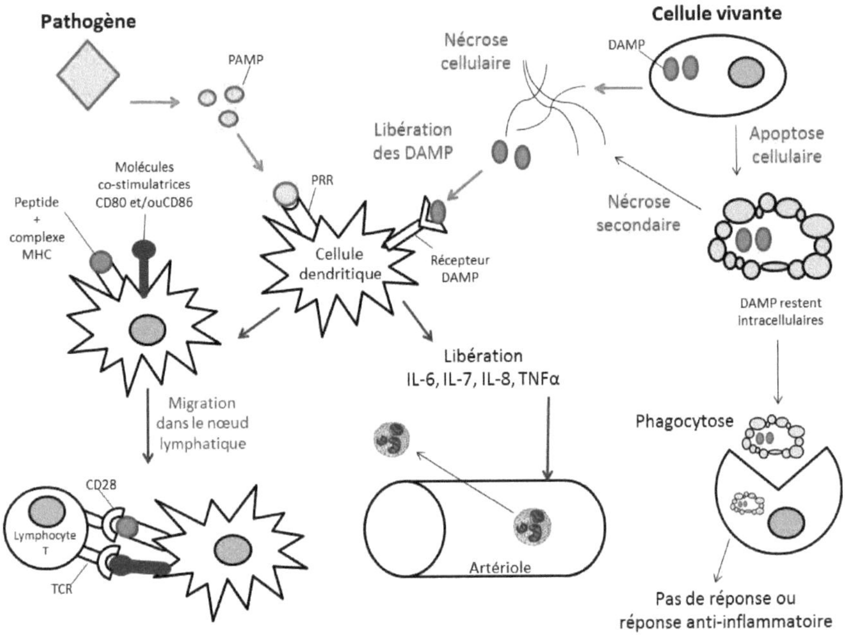

TNF = Tumor Necrosis Factor; PRR = Pattern recognition receptors;
IL = Interleukine ; PAMP =Pathogen Associated Molecular Patterns,
DAMP = Damage Associated Molecular Pattern Proteins;

Les protéines S100 font parties de la famille des DAMP. Cette famille des S100 protéines est constituée de plus de 20 protéines différentes, chacune ayant un profil d'expression dépendant du tissu cellulaire considéré[18]. Trois protéines S100 interviennent dans la réponse immunitaire innée : les protéines S100A8, S100A9 et S100A12. Ces 3 protéines sont présentes au niveau des cellules d'origine myéloïde (neutrophile, lymphocyte, macrophage). Les protéines S100A8 et S100A9 peuvent former des hétérodimères et tétramères qui sont alors groupés sous le nom de « calprotectine »[26]. Bien que majoritairement présente au niveau des cellules myéloïdes, 60 % des protéines cytosoliques des neutrophiles, la calprotectine peut également être induite au niveau des cellules épithéliales lors d'inflammation[18,27]. Au contraire la protéine S100A12 est seulement présente au niveau des granulocytes. Elle aussi peut former des dimères mais seulement des homodimères (pas de complexe possible avec les protéines S100A8 et S100A9)[18].

Lors de la **phase initiale de l'inflammation** une partie de la calprotectine sécrétée se retrouve au niveau de la lumière intestinale (Figure 16). Une seconde partie exerce un rétrocontrôle positif sur les macrophages via le toll-like receptor 4 (TLR4) et induire une inflammation au niveau des cellules endothéliales caractérisées par une réponse pro inflammatoire et une augmentation de la perméabilité vasculaire[18].

Figure 16: Phase initiale de l'inflammation lors d'IBD

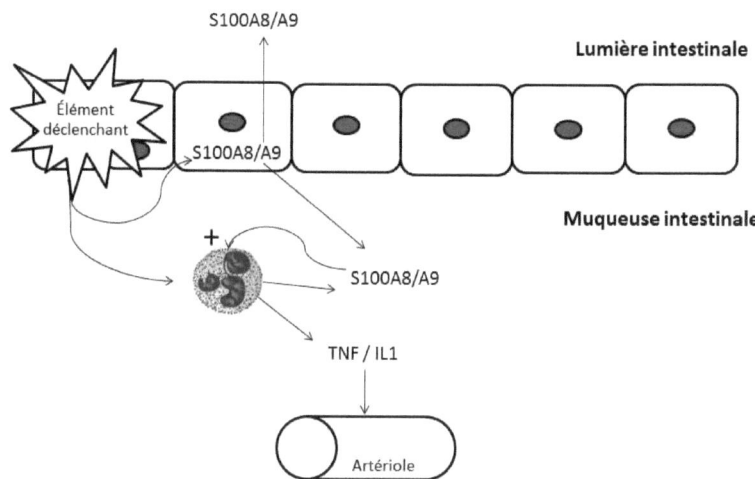

Dans un second temps, **une amplification de la réponse inflammatoire** se produit entrainant des lésions au niveau de la muqueuse et les manifestations cliniques d'IBD (Figure 17). La calprotectine active les cellules endothéliales via un récepteur encore inconnu. Ce complexe induit alors l'expression de molécules d'adhésion au niveau de l'endothélium, stimulant l'adhérence des leucocytes et leur recrutement au niveau du site inflammatoire. L'activation des neutrophiles via leur récepteur TLR4 amplifie la réaction inflammatoire via la libération de cytokines (TNF et IL1) et de DAMP (S100A8/S100A9 et S100A12). La protéine S100A12 est exclusivement libérée après l'activation des granulocytes. Celle-ci va, comme la calprotectine, induire l'expression de molécules d'adhésion au niveau de l'endothélium, stimulant l'adhérence des leucocytes et leur recrutement au niveau du site inflammatoire[18]. Simultanément à ce processus une migration des neutrophiles dans la lumière intestinale se produit ainsi qu'une sécrétion active et passive (mort cellulaire) de

DAMP. La perméabilité cellulaire suite à l'ensemble de ces processus augmente entrainant une fuite protéique dans la lumière intestinale voire des saignements intestinaux.

Figure 17: Mécanismes d'amplification de la réponse inflammatoire lors d'IBD

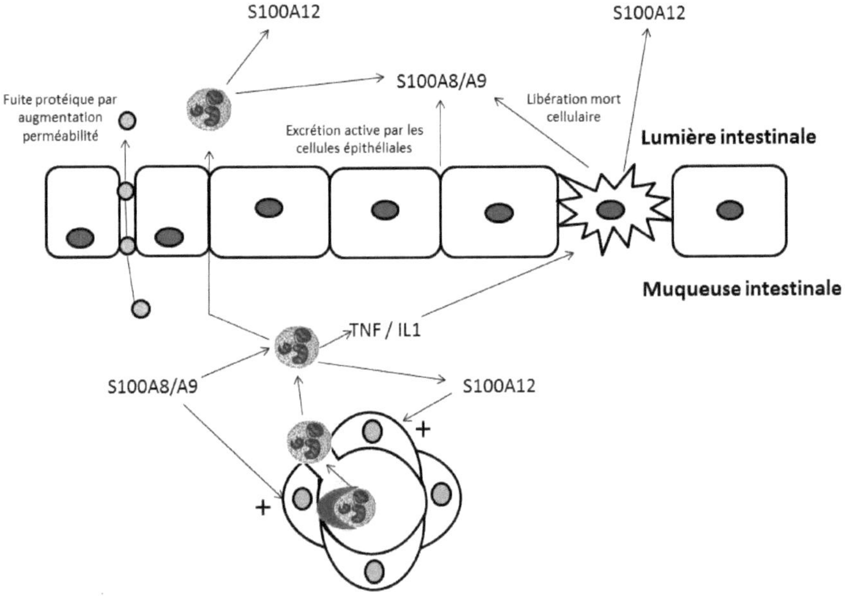

TNF = Tumor Necrosis Factor; IL = Interleukine

Le diagnostic de ces entéropathies chroniques reste encore aujourd'hui un défi. Différents examens cliniques ou complémentaires sont cependant disponibles de manière à mieux les charactériser.

4. Méthodes d'évaluation de la santé digestive

Différentes méthodes sont disponibles pour évaluer la santé digestive en médecine humaine et vétérinaire. Une part importante des études réalisées dans le cadre de ce travail porte sur la validation et l'utilisation de ces méthodes d'évaluation de la santé digestive. Cette quatrième partie s'attachera donc à présenter ces différentes méthodes avec une attention toute particulière sur l'histopathologie intestinale (technique utilisée dans l'étude préliminaire) et les mesures de calprotectine fécale (méthode utilisée dans deux de nos études menées chez le chiot).

4.1 Méthodes d'évaluation clinique

Face à un chien présentant une entéropathie chronique, différents scores cliniques ont été développés de manière à orienter le diagnostic, guider la stratégie thérapeutique et à évaluer les risques de récidives.

4.1.1 Développement du CIBDAI et du CCECAI

Une échelle, élaborée par Jergens et al en 2003[28], la « canine IBD activity index » (CIBDAI), évalue six critères différents en les scorant de 0 à 3 : l'attitude, l'appétit, les vomissements, la consistance des selles, la fréquence de défécation, et la perte de poids (Tableau 2). Le CIBDAI résulte de la somme de ces 6 paramètres. L'IBD est considérée comme non significative pour un score entre 0 et 3, faible entre 4 et 5, modérée entre 6 et 8, et sévère pour un score de 9 ou plus[28].

En 2007, Allenspach et al proposent une nouvelle échelle : la CCECAI[16] (Tableau 3). Cette échelle reprend les 6 paramètres cliniques de la CIBDAI mais 3 paramètres sont ajoutés : le taux d'albumine sérique, la présence d'œdème périphérique ou d'ascite et la présence de prurit.

Tableau 2 : Echelle proposée par Jergen et al[28] lors d'IBD chez le chien

Paramètre à évaluer	Système de notation
Attitude / activité	0 = Normal 1 = Légèrement diminué 2 = Modérément diminué 3 = Sévèrement diminué
Appétit	0 = Normal 1 = Légèrement diminué 2 = Modérément diminué 3 = Sévèrement diminué
Vomissement	0 = Normal 1 = Faible (1 x / sem) 2 = Modéré (2-3 x / sem) 3 = Sévère (> 3 x / sem)
Consistance des selles	0 = Normal 1 = Selles un peu molles 2 = Selles très molles 3 = Selles liquides
Fréquence de défécation	0 = Normale 1 = Légèrement augmentée (2-3 x / j) ou mucus et/ou méléna 2 = Modérément augmentée (4-5 x / j) 3 = Sévèrement augmentée (>5 x / j)
Perte de poids	0 = Aucune 1 = Faible (<5 %) 2 = Modérée (5-10 %) 3 = Sévère (> 10 %)

Tableau 3 : Echelle proposée par Allenspach et al[16] lors d'IBD chez le chien

Paramètre à évaluer	Système de notation
Attitude / activité	0 = Normal 1 = Légèrement diminué 2 = Modérément diminué 3 = Sévèrement diminué
Appétit	0 = Normal 1 = Légèrement diminué 2 = Modérément diminué 3 = Sévèrement diminué
Vomissement	0 = Normal 1 = Faible (1 x / sem) 2 = Modéré (2-3 x / sem) 3 = Sévère (> 3 x / sem)
Consistance des selles	0 = Normal 1 = Selles un peu molles 2 = Selles très molles 3 = Selles liquides
Fréquence de défécation	0 = Normale 1 = Légèrement augmentée (2-3 x / j) ou mucus et/ou méléna 2 = Modérément augmentée (4-5 x / j) 3 = Sévèrement augmentée (>5 x / j)
Perte de poids	0 = Aucune 1 = Faible (<5 %) 2 = Modérée (5-10 %) 3 = Sévère (> 10 %)
Taux d'albumine	0 = Albumine > 20 g/L 1 = Albumine 15 – 19,9 g/L 2 = Albumine 12 – 14,9 g/L 3 = Albumine < 12 g/L
Ascite et/ou oedème périphérique	0 = Aucun 1 = Ascite ou œdème faible 2 = Ascite ou œdème modérée 3 = Ascite ou œdème sévère
Prurit	0 = Absent 1 = Episodes de prurit occasionnels 2 = Episodes de prurit régulier mais cessant quand le chien est endormi 3 = Chien se levant régulièrement pour se gratter

4.1.2 Intérêt de ces échelles

Ces échelles prennent en compte les principaux signes cliniquement observables et faciles à calculer. Ces échelles constituent donc un outil intéressant en pratique.
Plusieurs applications ont été mises en évidence :
(1) Ces échelles sont un outil intéressant dans l'évaluation initiale du patient et l'orientation diagnostique. En effet, la gravité des signes cliniques serait dépendante du type d'entéropathie. Ainsi les chiens présentant une intolérance alimentaire auraient généralement un score clinique significativement plus bas que les chiens présentant une IBD [16,29].
(2) Le CCECAI et le CIBDAI peuvent également être utilisées pour objectiver l'amélioration clinique suite à la mise en place d'un traitement. En effet la mise en place d'un traitement adapté entraine normalement une diminution significative du score clinique[28,29].
(3) Le CCECAI présente également comme avantage de fournir une indication sur le pronostic, un score de 12 ou plus étant associé à un mauvais pronostic (non réponse au traitement aboutissant à l'euthanasie des animaux) (sensibilité de 91 % et spécificité de 83 %)[16].

4.2 Les biopsies intestinales

4.2.1 Réalisation

Les biopsies intestinales peuvent être obtenues par chirurgie ou par endoscopie. L'approche chirurgicale sera préférée dans des cas bien spécifiques comme la visualisation d'une masse intestinale à l'échographie[30]. L'endoscopie présente comme intérêt de permettre une visualisation de la muqueuse œsophagienne, gastrique et intestinale et de réaliser des biopsies de manière atraumatique. Cette visualisation de la muqueuse intestinale est particulièrement intéressante puisque qu'elle donnerait d'après certaines études de meilleurs informations quant au pronostic que l'histologie[16,30,31].

4.2.2 Morphométrie et populations cellulaires

Des standards histologiques pour le diagnostic des inflammations gastro-intestinales ont récemment été proposés[32]. L'analyse histologique doit prendre en compte non seulement l'étendue des lésions (focales ou diffuses) mais également le type et le degré de l'infiltrat cellulaire, et les modifications de l'architecture de la muqueuse. Les lésions cellulaires observées pourront ainsi orienter le diagnostic. Une infiltration intestinale par des macrophages ou des neutrophiles orientera vers un processus infectieux, indiquant alors la nécessité de réaliser une culture bactérienne[30]. La mise en évidence d'une infiltration éosinophilique modérée ou sévère orientera vers une infestation parasitaire ou une intolérance alimentaire. Enfin une augmentation du nombre de lymphocytes et plasmocytes orientera vers une IBD[30].

De nombreuses études indiquent que les changements dans l'architecture de la muqueuse intestinale, tels que la morphologie des villosités, la dilatation lymphatique, le contenu des cellules en gobelet et les lésions des cryptes, sont liés à la présence et à la gravité des maladies gastro-intestinales[21,29,33]. En effet, chez le chat, des variables quantitatives indépendantes du jugement de l'observateur (cytokines inflammatoires) ont identifié des corrélations entre la présence d'atrophie villositaire et l'augmentation des cytokines proinflammatoires[33]. Chez le chien, la perte des cellules en gobelet au niveau colique est corrélée à la sévérité des colites lymphoplasmocytaires[34]. Enfin, une dilatation des vaisseaux lymphatiques et la présence d'abcès ou de kystes au niveau des cryptes sont fréquemment observées chez les chiens présentant une entéropathie exsudative ou une inflammation lymphoplasmocytaire sévère[35-39].

L'IBD, la lymphangiectasie et le lymphome sont les maladies les plus fréquemment diagnostiquées lors d'une évaluation histologique sur les chiens présentant une diarrhée chronique[30].

4.2.3 Limites des biopsies intestinales

4.2.3.1 Présentation des différentes limites

Le score histologique, le nombre total de cellules inflammatoires et l'immunohistochimie des cellules T CD3$^+$ ne permettent pas de différencier une intolérance alimentaire d'une IBD[29,40]. De plus, différentes études ont montré l'absence de corrélation entre la gravité des lésions inflammatoires à l'histologie et l'activité clinique[16,29,41-43]. Enfin la mise en place d'un traitement permettant de réduire voire d'éliminer les signes cliniques (baisse significative du CCECAI) n'entraine pas de diminution significative des lésions intestinales à l'histologie[29,43,44].

En 2008, un consensus sur l'évaluation des biopsies intestinales a été proposé par la World Small Animal Veterinary Association (WSAVA)[32]. Ces recommandations avaient pour but de limiter les variations entre les différents lecteurs et ainsi permettre la comparaison d'études différentes. Cependant, malgré l'application de ces recommandations une absence de corrélation entre l'état inflammatoire de l'intestin et les signes cliniques fut rapportée par une étude sur 13 Bergers Allemands présentant des signes d'entéropathie chronique[41], et de grandes variations entre lecteurs sont encore décrites[45]. Néanmoins une amélioration de la qualité de la lecture des lames est rapportée[45].

4.2.3.2 Raisons des limites

Différents paramètres peuvent induire des erreurs dans la lecture et l'interprétation des biopsies intestinales. Ainsi la technique de prélèvement, le nombre de biopsies, la lecture et l'interprétation des lames sont autant d'éléments pouvant influencer les résultats.

- Influence de la technique de prélèvement

La technique de collecte des biopsies intestinales et le matériel utilisé sont deux paramètres importants pour l'analyse histologique. Chez l'homme, l'effet de la taille de la pince à biopsie, sa forme (ovale vs alligator) et la présence d'une aiguille peut influencer la qualité des prélèvements[46]. Cependant l'analyse de 624 échantillons prélevés par 6 pinces à biopsie différentes ne met pas en évidence de différences individuelles entre les 6 types de pinces[46]. Ces observations soulignent que le choix de la pince à biopsie se ferait plus en fonction du coût et de la facilité d'utilisation que de la performance propre de la pince. Chez le chien, la taille de la pince à biopsie impacte directement sur la taille de la biopsie. Ainsi l'utilisation de pinces à biopsie présentant un diamètre de 2,4 mm permet d'obtenir des prélèvements de taille plus importante que des forceps « pédiatriques » de 1,8 mm[47]. Chez le chat, les pinces à biopsie utilisées sont généralement plus petites que les pinces utilisées chez le chien. Cependant, la qualité des biopsies intestinales issues de ces deux espèces ne varie pas significativement[48] suggérant l'absence d'effet du diamètre de la pince à biopsie sur la qualité des prélèvements. En revanche l'expérience du manipulateur réalisant les prélèvements jouerait un rôle significatif sur la qualité des biopsies[48].

- Influence du nombre et de la qualité des biopsies

Le nombre de biopsies nécessaires pour être confiant sur le résultat histologique varie en fonction de la qualité du prélèvement. Le nombre de biopsies nécessaires sera d'autant plus faible que la biopsie sera de bonne qualité[49]. Face à des prélèvements de mauvaise qualité, la quantité de prélèvements nécessaires est telle que le clinicien est dans l'incapacité d'en faire suffisamment. Dans une telle situation, un résultat négatif à l'histologie n'est donc pas lié à l'absence réelle de lésions mais à une mauvaise qualité d'échantillons et/ou une quantité insuffisante de prélèvements[49]. Ainsi lors d'infiltrations cellulaires modérées au niveau du duodénum, le clinicien devrait réaliser 3 prélèvements de qualité pour obtenir dans 90 % des cas un résultat adéquat contre 89 prélèvements si les prélèvements sont de mauvaise qualité[49]. Cette étude souligne l'importance d'avoir une information sur la qualité des biopsies intestinales analysées lors de l'examen histologique pour l'interprétation des résultats et la confiance que l'on peut mettre dans cette interprétation. Au niveau du duodénum, 6 biopsies de bonne qualité seraient suffisantes pour la majorité des diagnostics chez le chien sauf pour les lésions des cryptes pour lesquelles 13 biopsies seraient nécessaires[49]. Si les prélèvements ne sont pas de bonne qualité 10 à 15 prélèvements seraient alors nécessaires (plus de 20 pour des lésions des cryptes). Au niveau gastrique, 6 biopsies de bonne qualité et 13 de mauvaise qualité seraient nécessaires pour poser un diagnostic adéquat[49].

- Influence du site de prélèvement

Le site de prélèvement peut influencer la qualité des biopsies. Ainsi une bonne qualité de biopsie serait plus difficile à obtenir au niveau du duodénum par rapport aux autres parties du tube digestif (colon et iléum)[48,50]. Ces variations d'un site à l'autre peuvent être liées à l'épaisseur de la muqueuse intestinale. Les zones à muqueuse intestinale fine (colon et iléum) seraient plus favorables pour obtenir des biopsies de bonne qualité[50]. Cependant la réalisation de biopsies duodénales est particulièrement importante lors de troubles digestifs compatibles avec une atteinte du grêle seule. La réalisation de biopsies gastriques sans biopsie au niveau du duodénum diminuerait les chances d'obtenir un diagnostic.[48]

Le site de prélèvement peut également influencer de manière importante le diagnostic. L'analyse de biopsies réalisées simultanément au niveau du duodénum, de l'iléum et du colon de chiens présentant des signes cliniques compatibles avec une diarrhée du grêle et du colon donne des résultats très divergents[51]. Ainsi les diagnostics histologiques entre le duodénum versus l'iléum et le colon versus l'iléum ne sont concordants que dans respectivement 8 et 24 % des cas.[50] Ces importantes variations peuvent être expliquées par des lésions plus fréquentes ou sévères au niveau de l'iléum, une atteinte différée dans le temps des différents organes ou le caractère multifocal des lésions lors d'entéropathies[50]. Les maladies intestinales dans certains cas peuvent être seulement localisées et/ou varier d'intensité en fonction de la portion intestinale considérée. Dans un tel cas, la réalisation d'un prélèvement sur une zone non atteinte entraine alors un diagnostic faussement négatif[51]. Il est à noter que dans certains cas, la muqueuse intestinale peut avoir un aspect normal sur un chien décédé d'une maladie intestinale[52].

- Influence de la préparation des lames

La préparation et la coloration de la lame peut également avoir une influence sur la lecture et l'interprétation des biopsies intestinales[45]. L'apparence hyperéosinophilique de certaines lames peut rendre difficile l'évaluation du cytoplasme des cellules au sein de la lamina propria entrainant alors certaines confusions dans la distinction entre éosinophiles et neutrophiles[45]. Ceci souligne la nécessité de proposer une standardisation dans les méthodes de coloration. Certains organismes nationaux sont responsables de l'évaluation de la qualité de la coloration des lames histologiques (par exemple en Angleterre avec le National External Quality Assessment Service[45]).

- Influence du lecteur

Quel que soit le niveau d'expérience des personnes réalisant la lecture des lames, une partie de subjectivité est présente lors de l'interprétation des lames[48]. Parmi les lecteurs confirmés, de grandes variations peuvent être observées[45]. Ainsi la réalisation et l'analyse d'une biopsie sur un animal sain peut entrainer des résultats très divergents allant de l'absence de lésion à un diagnostic de lymphome[51]. Ces variations sont également présentes en médecine humaine où des divergences dans la nomenclature mais également dans l'interprétation de lésions intestinales sont rapportées[53].

- Influence de la relation entre signe clinique et immunité

L'absence de relation entre les signes cliniques et les lésions histologiques peut également refléter une réelle absence de relation entre ces deux paramètres. Une modification de la fonction intestinale pourrait se faire sans modification de la structure intestinale ou impact sur les cellules inflammatoires[45].

4.2.4 Bilan et recommandations

4.2.4.1 Définition de ce que l'on peut attendre d'une biopsie

Les biopsies intestinales réalisées sous endoscopie ne permettent qu'une investigation partielle de l'état inflammatoire de l'ensemble du tube digestif. En effet l'endoscopie est une technique peu invasive mais ne permettant l'accès qu'à une partie du tube digestif. De plus actuellement aucune relation entre les signes cliniques et la sévérité des lésions intestinales n'a été mise en évidence. L'utilisation de l'histologie pour grader la gravité de l'inflammation intestinale ne semble donc pas applicable dans l'état actuel des connaissances. L'histopathologie serait plutôt pertinente pour différencier certaines maladies intestinales comme une IBD modérée et un lymphome, ou une entérite éosinophilique d'un lymphome. Cependant actuellement il ne semble pas réaliste d'espérer pouvoir efficacement grader la sévérité de l'IBD ou prédire la réponse thérapeutique d'un patient souffrant d'une IBD.

4.2.4.2 Recommandations

- **Standardiser les techniques**
De manière à limiter les variations dans la préparation des lames, une standardisation des méthodes de coloration serait intéressante.

- **Multiplier les personnes lisant les lames**
La lecture d'une même lame par plusieurs lecteurs permettrait également d'augmenter la concordance des résultats entre lecteurs. Ceci pourrait être mis en place par la création de base multimédia permettant de stocker les images des histologies et ainsi d'avoir une confirmation de la lecture par plusieurs spécialistes[45].

4.2.5 Perspectives et techniques en développement

Face à l'absence de relation entre les lésions histologiques et la gravité des signes cliniques, d'autres modes d'évaluation de l'inflammation et de l'état global de muqueuse intestinale pourraient être réalisés parallèlement au grade histologique. Ainsi des marqueurs immunologiques ont vu le jour chez le chien. L'objectif de cette partie est de présenter ces différents marqueurs et leur intérêt chez le chien.

Le traitement de l'IBD consiste communément en l'administration de doses immunosuppressives de glucocorticoïdes de manière à limiter l'inflammation intestinale et stopper les signes cliniques[54]. Les corticoïdes agiraient au niveau des lymphocytes T de la lamina propria par diffusion passive et action au niveau nucléaire (inhibition de la transcription du facteur Kappa B)[55]. L'élimination des corticoïdes intracellulaires est quant à lui un processus actif faisant appel à une protéine transmembranaire : la glycoprotéine P. Les patients humains souffrant d'IBD répondant à un traitement à base de glucocorticoïdes diffèrent des patients ne répondant pas du fait d'un nombre de glycoprotéine-P significativement plus bas au niveau des lymphocytes périphériques et de l'épithélium intestinal[56]. Cette forte expression des glycoprotéines P favoriserait l'élimination des corticoïdes présents dans le cytoplasme des lymphocytes. Une augmentation des cytokines inflammatoires se produirait alors suite à cette diminution de la concentration en corticoïdes engendrant une réduction de l'efficacité thérapeutique[54].

Chez le chien, cette glycoprotéine P est exprimée de manière importante au niveau des cellules rénales, testiculaires, hépatiques et cérébrales[57]. L'expression de cette glycoprotéine est minime au niveau des cellules duodénales saines, et seulement légèrement supérieure au niveau des cellules du colon[54,57]. En revanche, une infiltration de la lamina propria par des lymphocytes positifs en glycoprotéine-P est observé lors d'IBD. Sachant que les lymphocytes constituent un type d'infiltrat fréquemment observé lors d'IBD[20], la présence de ces glycoprotéines P pourraient avoir un impact sur le traitement de ces animaux atteints d'IBD. Récemment une association fut observée entre la quantité de glycoprotéine-P et la réponse à un traitement à base de corticoïdes chez les chiens atteints d'IBD, les chiens ayant une forte concentration de glycoprotéine-P présentant plus fréquemment une résistance au traitement[54]. Cette étude suggère que l'évaluation de l'expression de la glycoprotéine-P au niveau intestinal pourrait constituer un examen intéressant dans la prédiction de la réponse au traitement. Les biopsies intestinales collectées par endoscopie pourraient être colorées immunohistochimiquement pour évaluer l'expression de la glycoprotéine-P, le protocole étant relativement simple et les anticorps commercialement disponibles[54].

4.3 Marqueurs de la fonction et de l'intégrité intestinale

Différents marqueurs sont utilisés en médecine vétérinaire ou humaine en association avec des diagnostics clinicopathologiques ou seuls pour le suivi des patients touchés. Le marqueur idéal en pratique devrait être non invasif, facile à mesurer, reproductible, et reflétant l'activité intestinale avec une sensibilité et une spécificité élevées. Théoriquement le marqueur biologique peut avoir plusieurs utilités comme diagnostiquer un processus spécifique, stratifier la maladie en plusieurs sous types, estimer l'activité de la maladie, donner un pronostic et prédire la réponse thérapeutique. L'objectif de cette partie est de présenter ces différents marqueurs en insistant particulièrement sur leurs intérêts et leurs limites.

Les différents marqueurs fécaux peuvent être divisés en fonction des indications qu'ils apportent aux praticiens (Figure 18). Ainsi il est possible de considérer :
(1) les marqueurs de la fonction intestinale
(2) les marqueurs de l'intégrité intestinale
(3) les marqueurs de l'activité métabolique
(4) les marqueurs de l'inflammation intestinale
(5) les marqueurs des défenses immunitaires locales.

Certains marqueurs peuvent apporter des informations multiples. Face à ce type de marqueurs, nous avons considéré l'indication principale qu'il fournissait pour sa classification.

Figure 18 : Classification des différents marqueurs de la fonction et de l'intégrité intestinale chez le chien

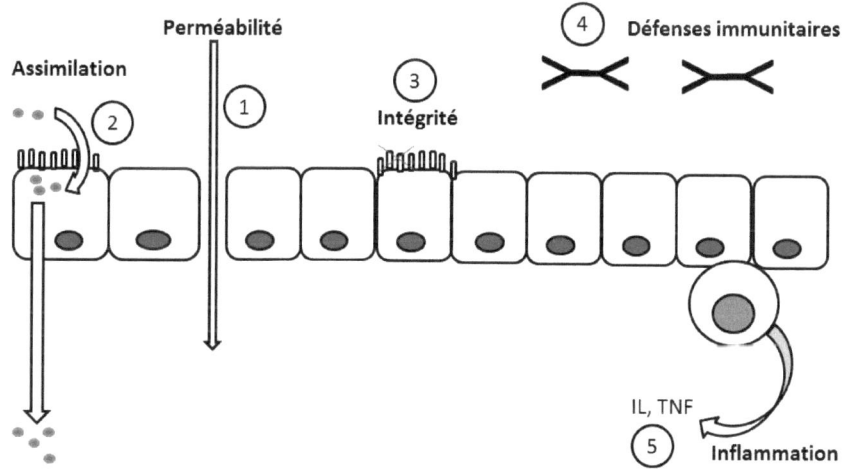

TNF = Tumor Necrosis Factor; IL = Interleukine

4.3.1 Les marqueurs de la perméabilité intestinale

4.3.1.1 Les mono et disaccharides

4.3.1.1.1 Principe de mesure

L'épithélium intestinal joue un rôle de barrière contre les agents pathogènes tout en permettant le transport de nutriments. Ces fonctions peuvent être testées de manière non invasive via l'utilisation de marqueurs diffusant passivement au travers de l'épithélium intestinal. Le marqueur idéal devrait être hydrosoluble, non toxique, confiné au milieu extracellulaire, non dégradé et biologiquement inerte (absence de métabolisation)[58,59]. Bien que certains isotopes radioactifs (Cr-EDTA) aient été utilisés chez le chien[60], les sucres non digestibles, comme le lactulose, le mannitol et le rhamnose, sont les marqueurs les plus fréquemment utilisés[59]. Ces sucres sont administrés par voie orale et leur taux d'absorption est ensuite mesuré dans le sang ou les urines du patient[58,59,61].

Les voies empruntées par ces marqueurs pour franchir la muqueuse intestinale sont, encore à l'heure actuelle, très controversées[58,61]. Deux principales théories ont été avancées[62].

(1) La théorie des deux pores (Figure 19)
Selon cette théorie, la muqueuse gastro-intestinale posséderait deux types de pores, de tailles différentes, qui permettraient le passage de macromolécules par simple diffusion en phase aqueuse. Les pores de petite taille seraient localisés dans la membrane apicale des cellules intestinales. Ces pores seraient relativement nombreux et dispersés tout le long à la surface de la muqueuse. Ils auraient une taille maximale d'environ 0,4-0,5 nm, permettant le passage de molécules de petits diamètres, comme les monosaccharides. Les pores de grande taille seraient quant à eux, localisés entre les cellules au niveau des jonctions intercellulaires. Ces pores paracellulaires, d'approximativement 0,5 à 0,8 nm de diamètre, faciliteraient le passage de molécules de grande taille comme le ^{51}Cr-EDTA ou les disaccharides. Ces pores seraient peu nombreux et fortement dépendants de l'intégrité de la muqueuse.

Figure 19 : Voies empruntées par les mono et disaccharides : théorie des deux pores

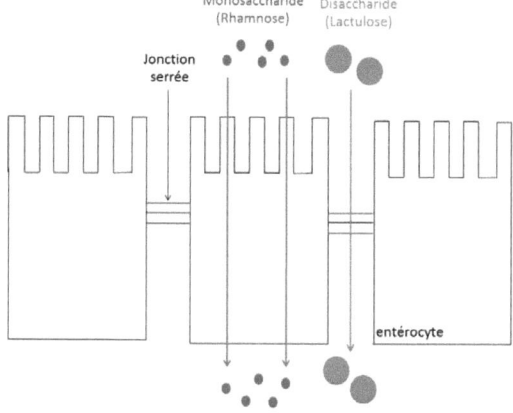

(2) La théorie du pore unique au niveau des jonctions intercellulaires (Figure 20)

La seconde théorie repose sur l'existence d'un seul type de pores localisés au niveau des jonctions intercellulaires. Ces jonctions seraient plus étroites au niveau des extrémités des villosités qu'au niveau des cryptes. Le passage de molécules de grands diamètres, comme les disaccharides et le ^{51}Cr-EDTA serait donc limité au niveau des jonctions intercellulaires des cryptes, alors que les molécules de petite taille, comme les monosaccharides, pourraient traverser la muqueuse aussi bien au niveau des jonctions intercellulaires des cryptes que des villosités. Selon cette théorie, la surface des villosités étant plus importante et les cryptes relativement inaccessibles, davantage de molécules de petit diamètre traverseraient la muqueuse saine.

Figure 20 : Voies empruntées par les mono et disaccharides: Modèle reposant sur un seul type de pore

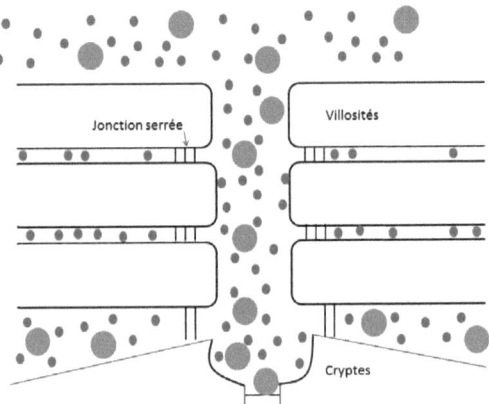

Quel que soit le mode de diffusion des sucres, il est bien établi que leur perméabilité intestinale est inversement proportionnelle à leur diamètre (Figure 21). Ainsi la perméabilité du rhamnose (poids moléculaire de 164 daltons) est 7 à 10 fois plus importante chez les chiens sains que le lactulose (poids moléculaire de 342 daltons)[61].

Figure 21 : Pourcentage d'excrétion urinaire des différentes sondes après une administration orale[58]

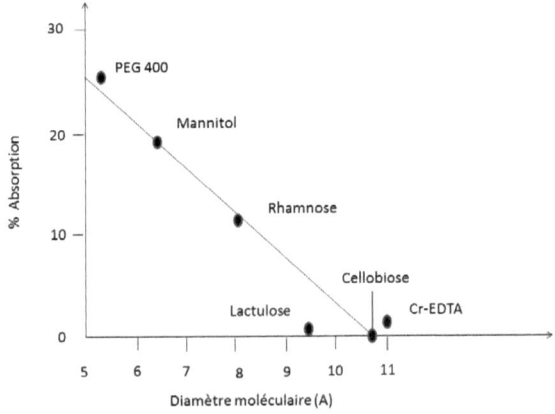

La perméabilité intestinale est évaluée en calculant le rapport entre un sucre de poids moléculaire important et un sucre de poids moléculaire faible. L'utilisation de cette combinaison monosaccharide-disaccharide permet d'éliminer les facteurs non liés à la

54

perméabilité intestinale comme la vidange gastrique, la mobilité intestinale, le taux de filtration glomérulaire et les méthodes de collecte urinaire[58,61] (Tableau 4).

Tableau 4 : *Facteurs luminaux, pariétaux, internes et autres pouvant affecter l'excrétion urinaire d'un seul marqueur administré oralement*[58]

Facteurs luminaux	Facteurs pariétaux	Facteurs internes	Autres
Dilution gastrique	Hydrolyse de la bordure en brosse	Production endogène	Ingestion incomplète du marqueur
Vidange gastrique	Voie de perméabilité	Métabolisme	Collecte incomplète de l'urine
Dilution intestinale	Flux sanguin	Distribution tissulaire	
Transit intestinal		Fonction rénale	
Dégradation bactérienne			
Digestion enzymatique			

Bien que la combinaison cellobiose / mannitol ait été utilisée chez l'homme et le chien, l'utilisation de ces deux marqueurs apparait toutefois discutable. En effet, le cellobiose est partiellement dégradé par l'activité bétaglucosidasique de l'intestin, alors que le mannitol est produit par l'organisme. Ces critères défavorables ne concernent en revanche ni le lactulose, ni le rhamnose ce qui en font les marqueurs de plus en plus utilisés à l'heure actuelle pour étudier la perméabilité intestinale.[59]

4.3.1.1.2 Type de prélèvements

La mesure de la concentration urinaire des sondes est contraignante pour l'animal. En effet pour obtenir des résultats fiables, l'animal doit être maintenu dans une cage entre 5 et 24 heures après l'administration orale des sondes de manière à récupérer la totalité du volume urinaire[59]. De plus, cette collecte d'urine nécessite l'utilisation de cages de métabolisation ou la mise en place de sondes urinaires, méthode contraignante pour l'animal[59]. La perméabilité intestinale sur prise de sang a donc été évaluée chez le chien[59,63]. La mesure sanguine des marqueurs semble être un test facile, répétable et applicable en pratique vétérinaire pour évaluer la perméabilité intestinale[59,63]. En effet, de fortes corrélations ont été trouvées entre le rapport lactulose/rhamnose urinaire et plasmatique (r^2 entre 0,86 et 0,9)[59,63,64]. L'échantillon de sang obtenu requière cependant une préparation plus longue et plus délicate (déprotéinisation, incubation…) que les échantillons d'urine avant leur analyse en HPLC[63].

4.3.1.1.3 Facteurs physiologiques de variation des mesures de perméabilité intestinale

Un rapport lactulose/rhamnose > 0,12 fut défini comme anormal et considéré comme une indication d'un dysfonctionnement intestinal[63]. Cependant des valeurs plus élevées du rapport L/R ont été observées chez des chiens sains (rapport entre 0,07 à 0,61)[62,65]. Ces différences observées peuvent résulter de la technique utilisée (solution isotonique vs hypertonique) ou de variations physiologiques liées à la race, à l'âge ou à l'activité de l'animal. En effet, des valeurs plus élevées du rapport L/R ont été démontrées sur des chiens de grande race[62,65], des jeunes chiots de 12 semaines[62] et des chiens ayant réalisé un effort intense de longue durée[64]. Enfin au sein même d'une population de chiens sains, des variations du rapport lactulose/mannitol allant 0,15 à 0,4 ont été notées (prise de sang 3h après administration des sucres) mettant en évidence une variabilité individuelle du test[59].

4.3.1.1.4 Facteurs pathologiques influençant la perméabilité intestinale

L'utilisation de ces marqueurs permet d'objectiver non seulement une éventuelle modification de la perméabilité intestinale mais également de déterminer l'origine de cette modification de perméabilité. Les maladies caractérisées par une diminution de la surface intestinale ou une atrophie villositaire entrainent une diminution de l'absorption des monosaccharides (rhamnose, mannitol). Ainsi des concentrations significativement plus basses de rhamnose urinaire ont été notées sur des chiots souffrant de parvovirose[61]. Au contraire, les maladies entrainant une modification de l'intégrité intestinale (altération des jonctions intercellulaires) se caractérisent par une augmentation de l'absorption des disaccharides (lactulose)[65,66].

4.3.1.1.5 Perméabilité intestinale, signes cliniques et lésions histologiques

Bien qu'une augmentation de la perméabilité intestinale fut observée chez les chiens souffrant d'entéropathie liée à une sensibilité au gluten[66,67], différentes études portant sur des chiens souffrant d'entéropathie chronique répondant à un régime d'éviction ou à un traitement à base de corticoïdes n'ont pas mis en évidence d'augmentation de la perméabilité intestinale (rapport L/R non modifié)[44,68]. La perméabilité intestinale n'augmenterait qu'en cas d'entéropathie exsudative associée à une sévère hypoalbuminémie[68]. Aussi l'utilisation du rapport L/R pour l'évaluation de la perméabilité intestinale ne semblerait pas apporter plus d'informations qu'un index d'activité clinique ou une analyse histologique[44].

Le rhamnose et le lactulose ont été utilisés pour démontrer l'intérêt d'une alimentation parentérale précoce chez des chiots souffrant de parvovirose[61]. Une diminution progressive de la quantité de lactulose urinaire récupérée fut ainsi notée sur des chiots bénéficiant d'une alimentation parentérale précoce par rapport à des chiots n'en bénéficiant pas. Cette diminution de la quantité de lactulose peut être liée à (1) une amélioration de l'intégrité intestinale via la restructuration des jonctions serrées, (2) une diminution des cytokines pro-inflammatoires (TNF-α et interféron-γ) déstructurant les jonctions serrées ou (3) une réparation rapide des lésions nécrotiques, ulcératives, ou érosives de l'épithélium intestinal[61].

4.3.1.2 L'inhibiteur de l'alpha1-protéinase (α1-PI)

L'inhibiteur de l'alpha 1 protéinase (α1-PI) est une protéine présente au niveau du plasma, de la lymphe, et du liquide intercellulaire. Cette protéine a été purifiée et caractérisée chez le chien[69,70]. Elle présente une taille similaire à l'albumine mais, à la différence de celle-ci, résiste à la protéolyse intestinale[71,72] (Figure 22). Aussi lors d'une atteinte de la barrière intestinale, une perte d'α1-PI équivalente à la perte d'albumine se produit. Cependant à la différence de l'albumine, cette protéine peut parcourir l'ensemble du tube digestif sans être altérée. Une mesure de sa concentration dans les selles est ainsi possible[61,71-73].

Figure 22 : Devenir de l'alpha 1 protéinase et de l'albumine lors d'une atteinte intestinale

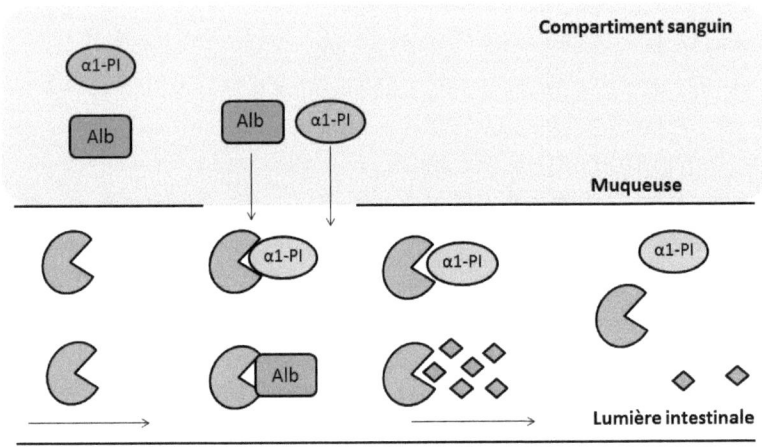

α1-PI =Inhibiteur de l'alpha 1 protéinase

Différent tests ont été validés chez le chien pour mesurer l'α1-PI dans les selles[73]. Sa concentration chez les chiens sains adultes varient entre 2,2 et 13,9 µg/g[74]. Des valeurs significativement plus importantes sont observées chez des chiens de moins de 1 an[74]. La collecte de 3 échantillons de selles est recommandée pour sa mesure[72]. Une concentration fécale moyenne > 13,9 µg/g ou une valeur supérieure à 21,0 µg/g sont considérées comme anormales sur un chien de plus de 1 an[74]. Des concentrations fécales d'α1-PI plus élevées furent démontrées lors de parvovirose[61] ou d'entéropathies chroniques associées à des lésions histologiques[71].

Bien qu'une corrélation ait été observée entre la concentration fécale d'α1-PI et la perte d'albumine marquée au ^{51}Cr chez l'homme[75], aucune corrélation ne fut observée entre les concentrations fécales d'α1-PI et la concentration en albumine sérique sur des chiens atteints d'entéropathies chroniques[71]. Cette absence de corrélation peut être due à (1) une absence de corrélation entre la concentration fécale en α1-PI et les pertes protéiques au niveau intestinal chez le chien, (2) une augmentation de la production locale d'α1-PI lors d'inflammation intestinale, (3) une détection plus précoce des modifications fécales d'α1-PI par rapport à l'albuminémie due à une compensation des pertes en albumine par le foie dans un premier temps, ou (4) à une technique de mesure inappropriée.

4.3.2 Les marqueurs de la malassimilation d'origine intestinale

4.3.2.1 La cobalamine

La cobalamine (vitamine B12) est une vitamine hydrosoluble intervenant dans le diagnostic et le traitement des patients atteints de diarrhées chroniques. La cobalamine est abondante dans les aliments commerciaux, aussi une déficience d'origine alimentaire est rare. Les hypocobalémies résultent d'avantage de dérégulation dans l'absorption intestinale de la vitamine[72].

L'absorption de la cobalamine est un processus complexe (Figure 23). Dans l'aliment la cobalamine est liée aux protéines et ne peut donc pas être absorbée sous cette forme. Après une digestion partielle de la protéine dans l'estomac, la cobalamine est libérée et immédiatement liée à une protéine (protéine R). A l'entrée de l'intestin grêle, cette protéine R est digérée par les protéases pancréatiques. La cobalamine se fixe alors à des facteurs intrinsèques sécrétés majoritairement par le pancréas. Ce complexe cobalamine – facteur intrinsèque est alors absorbé au niveau de récepteurs spécialisés au niveau de l'iléon.

Une modification de la concentration en cobalamine sérique peut être observée lors de 3 principaux désordres gastro-intestinaux :

- Maladie inflammatoire chronique

Lors d'une maladie intestinale chronique grave, une destruction de la muqueuse est possible aboutissant à une destruction ou à une réduction de ces récepteurs au niveau de l'iléon. Une malabsorption de la cobalamine est alors possible (Figure 24). Lors d'un processus chronique, les réserves de cobalamine corporelles peuvent baisser aboutissant à une déficience en cobalamine.

- Insuffisance du pancréas exocrine

Une seconde cause fréquente responsable d'une déficience en cobalamine est une insuffisance du pancréas exocrine (EPI)[76]. La majorité des complexes intrinsèques chez le chien sont d'origine pancréatique[77]. Aussi lors d'insuffisance pancréatique la quantité de facteurs intrinsèques diminue de manière importante entrainant une diminution de l'absorption de cobalamine. Parallèlement, l'absence de protéases pancréatiques chez les patients atteints d'EPI ne permet pas la dissociation du complexe cobalamine – protéine R empêchant l'absorption de cette vitamine. L'EPI étant une cause fréquente de déficience en cobalamine, il est recommandé de doser la Trypsin-like-immunoreactivity (TLI) sérique chez les patients souffrant de déficience en cobalamine.

- Dérive de flore et cobalamine sérique

Le complexe facteur intrinsèque-cobalamine peut être absorbé par les bactéries anaérobies intestinales[78]. Aussi lors d'une augmentation du nombre de bactéries, une compétition entre l'absorption intestinale et bactérienne peut avoir lieu (Figure 24). Cependant bien que la cobalamine puisse diminuer lors d'une modification de la flore intestinale, ce test n'est ni sensible ni spécifique de ce problème[72].

Lors d'une diarrhée chronique, une concentration en cobalamine sérique dans les normes ne permet cependant pas d'exclure une malabsorption, ou une inflammation intestinale. En effet les stocks corporels de cobalamine peuvent maintenir ce taux constant malgré des problèmes de malabsorption. La cobalamine sérique devrait être mesurée chez tous les patients souffrant de diarrhée chronique. En effet une cobalamine sérique constitue un mauvais pronostic et peut être un indicateur d'une future résistance du patient au traitement[16].

4.3.2.2 Les folates

L'acide folique (vitamine B9, folate) est une vitamine hydrosoluble produite par les plantes et de nombreuses espèces bactériennes. Les folates sont abondants dans les aliments commerciaux aussi une déficience d'origine alimentaire est rare. Comme pour la cobalamine, les changements sériques de folates sont plus fréquemment liés à une diminution de leur absorption ou à une possible altération du microbiote intestinal. Alors que la cobalamine peut être considérée comme un marqueur de maladies de la partie distale de l'intestin, les folates représentent un indicateur de la partie proximale de l'intestin[72]. Les mesures de ces deux marqueurs sont donc complémentaires.

Les folates alimentaires sont fréquemment présents sous forme de polyglutamate de folate, forme ne pouvant pas facilement être absorbée par l'intestin. La folate conjugase, une enzyme produite par la bordure en brosse jéjunale, hydrolyse le polyglutamate de folate en monoglutamate de folate. Cette nouvelle forme de folate peut alors être absorbée au niveau de transporteurs spécifiques dans la partie proximale de l'intestin[72] (Figure 23).

- Facteurs entrainant une diminution des folates

Chez les patients présentant une atteinte de la partie proximale de l'intestin, le dommage de la muqueuse peut avoir deux conséquences. Tout d'abord une diminution de l'activité de la folate conjugase peut être observée maintenant les folates sous une forme difficilement absorbable de polyglutamate de folate. Parallèlement à ceci les transporteurs des folates peuvent être endommagés réduisant d'avantage leur absorption. L'ensemble de ces deux phénomènes peut aboutir lors d'un phénomène chronique à une diminution de l'absorption des folates. Les réserves corporelles peuvent ne pas suffire pour compenser cette diminution d'absorption d'où une baisse possible des concentrations en folates sanguins.

Figure 23 : Mécanisme de transport et d'absorption des folates et de la cobalamine

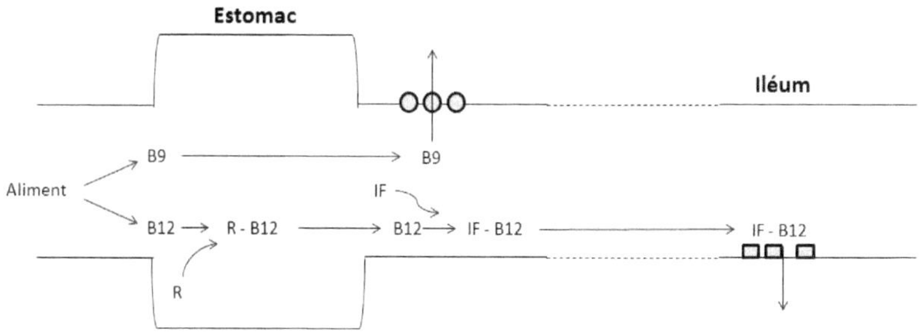

B9 = Acide folique ; B12 = Cobalamine

- Facteurs entrainant une augmentation des folates

Certaines bactéries, incluant les bactéries faisant partie de la flore digestive physiologique de l'intestin, sont capables de synthétiser des folates. Les folates produits par ces bactéries peuvent alors être absorbés par l'hôte. Les patients présentant une dérive bactérienne peuvent donc présenter une augmentation des folates sériques[79]. Le dosage des folates n'est cependant pas un test spécifique d'une dérive de flore. Une mesure des folates sanguins dans les normes ne permettrait pas d'exclure une dérégulation bactérienne[72].

4.3.2.3 Intérêt de doser simultanément les folates et la cobalamine

Lors d'un déficit en cobalamine, il est possible d'observer des valeurs sériques en folates dans les normes ou augmentées. En effet la cobalamine agit comme cofacteur pour une voie enzymatique impliquant les folates. Aussi si la quantité de cobalamine est insuffisante il est possible d'observer une concentration de folates dans les normes associée à une concentration de cobalamine sérique basse[72]. Dans une telle situation une supplémentation en cobalamine peut induire une baisse des folates sériques. Aussi une réévaluation des folates sériques après le début d'une complémentation en cobalamine peut être intéressante.

Les affections proximales et distales de l'intestin grêle sont responsables respectivement d'un défaut d'absorption des folates alimentaires et d'un défaut d'absorption de la cobalamine. Elles sont donc détectables par les mesures des concentrations sériques de ces deux vitamines qui seront dans ce cas réduites. Une concentration abaissée des folates est souvent associée à des lésions faibles à modérées de l'intestin grêle proximal alors qu'une baisse simultanée des concentrations sériques en folates et vitamine B12 est beaucoup plus péjorative car le plus souvent associée à des lésions sévères de l'intestin grêle.

Une prolifération bactérienne chronique de l'intestin grêle qui très souvent complique ou favorise l'apparition d'une IBD peut aboutir à une élévation de la concentration sérique en folates (normes = 4ng/ml < folates < 13 ng/ml), et/ou à une réduction de la concentration sérique en cobalamine (normes = 200 ng/L < B12 < 600 ng/L).

Figure 24 : Désordre dans le transport et l'absorption des folates et de la cobalamine

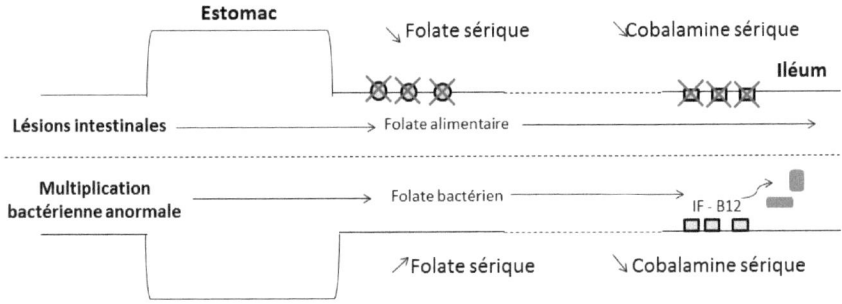

4.3.3 Les marqueurs d'une atteinte des villosités intestinales

Une des fonctions importantes de l'épithélium intestinal est l'absorption des nutriments. Différents phénomènes se déroulent en fonction de la localisation dans le tube digestif. Ainsi la synthèse des apoprotéines et le métabolisme des acides aminés se font au niveau de l'intestin grêle, alors que la synthèse et l'absorption des acides gras à courte chaine se fait au niveau du colon. Face au niveau élevé d'activité cellulaire et métabolique de l'intestin grêle il est admis que la quantification de la masse métabolique active de l'intestin grêle représenterait correctement les capacités d'absorption du tube digestif [80]. En partant de cette hypothèse, la citrulline a été étudiée en médecine humaine et vétérinaire comme marqueur de l'intégrité villositaire et donc de la fonction entérocytaire.

4.3.3.1 Synthèse et cycle de la citrulline

La citrulline est un acide aminé non essentiel produit au niveau de deux organes : le foie et l'intestin grêle (entérocytes des villosités de la partie proximale de l'intestin grêle)[81,82]. Chez l'homme, le rat et le porc, la production de citrulline se fait essentiellement au niveau des entérocytes à partir de la glutamine d'origine alimentaire ou plasmatique[83]. Cependant d'autres acides aminés tels que l'arginine, la proline ou l'ornithine contribuent également à cette production de citrulline[84] (Figure 25). Chez le chien, l'intestin reste une source importante de citrulline, cependant le foie intervient également dans sa production. La citrulline étant absente des aliments à l'exception de la pastèque, la production de cet acide aminé provient donc d'une synthèse intestinale ou hépatique chez le chien.

Figure 25 : Cycle de la citrulline chez le chien[81]

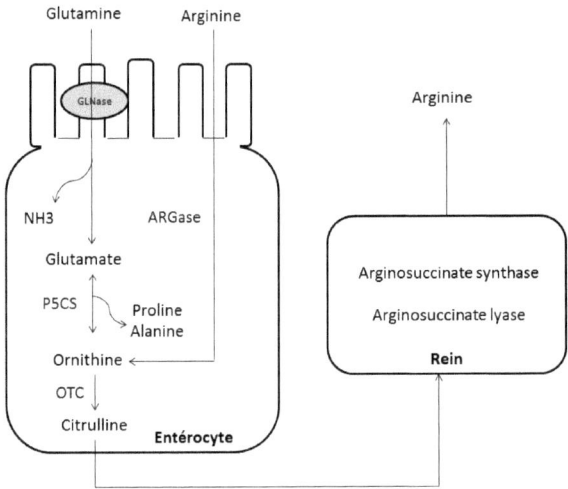

ARGase = arginase; P5CS = pyrroline carboxylate synthase;
OTC = Ornithine transcarbamylase

4.3.3.2   Utilisation de la citrulline comme marqueur digestif

Chez l'homme, le porc et les rongeurs, la résection d'une partie de l'intestin grêle est associée à une diminution de la concentration de la citrulline plasmatique[83,85,86]. De plus une forte corrélation est observée entre la longueur de l'intestin restant et la concentration plasmatique en citrulline chez l'être humain adulte ou chez les enfants[80]. Enfin les individus souffrant d'atrophie villositaire présentent des valeurs de citrulline plasmatique significativement plus basses que celles observées chez des individus sains. Face à ces résultats, la citrulline plasmatique fut proposée comme un marqueur de la masse entérocytaire globale et de l'activité métabolique intestinale chez l'homme.

Chez le chien, aucune étude n'a évalué l'impact d'une diminution de la longueur de l'intestin grêle sur la concentration en citrulline plasmatique. En revanche, le taux de citrulline plasmatique fut évalué chez des chiens sains et des chiots atteints d'une parvovirose. Des valeurs significativement plus basses ont été observées chez ces individus malades par rapport aux valeurs de chiens sains (baisse de 93 %)[83]. La parvovirose étant une maladie entrainant une destruction des villosités intestinales, il semblerait que la citrulline soit également un marqueur de lésions villositaires chez le chien. Son utilisation comme facteur pronostique ne semblerait cependant pas pertinente lors de parvovirose. En effet, aucune différence de concentration n'a été observée chez les chiens morts ou ayant survécu à la maladie[83]. La concentration en citrulline plasmatique ne permettrait pas non plus de suivre l'état de l'épithélium intestinal sachant que, chez l'homme, 2 à 3 semaines sont nécessaires pour un retour à une concentration de citrulline plasmatique physiologique[83]. Aucune évolution de sa concentration ne fut observée au cours d'une période de 8 jours d'hospitalisation de chiens souffrant de parvovirose confirmant le peu d'intérêt de ce marqueur pour le suivi à court et moyen terme de ces individus[87].

Chez le chien, la citrulline étant synthétisée au niveau intestinal et hépatique, tout dysfonctionnement de l'un de ces deux organes peut entrainer une modification de sa concentration plasmatique. Ainsi, lors d'insuffisance hépatique chronique, une chute significative (46%) de la concentration en citrulline est rapportée[87]. Chez l'homme, cet acide aminé n'étant pas synthétisé au niveau hépatique, seul un dysfonctionnement intestinal est susceptible de modifier les concentrations de citrulline plasmatique. En revanche, une augmentation de la concentration de la citrulline plasmatique fut observée chez des patients souffrant d'insuffisance rénale modérée à sévère[88]. Cette augmentation peut résulter d'une baisse de la conversion de citrulline en arginine et/ou d'une diminution de l'élimination rénale de la citrulline.

4.3.4 Les marqueurs de l'inflammation intestinale

4.3.4.1   Les cytokines

Les cytokines, et plus particulièrement le TNFα, seraient théoriquement intéressantes à évaluer du fait de leur implication dans la pathogénie de l'IBD (rôle central dans le déclenchement de la réponse inflammatoire). Cependant les cytokines et les chémokines comme l'IL6, IL1, IL8 et le TNFα sont de petits peptides instables[18]. Ceci peut expliquer l'absence de TNFα dans les selles de chiens souffrant d'IBD[89]. Leur détection chez l'homme est également variable en fonction de la méthodologie et de la conservation des prélèvements[90,91]. Leur détection ne semble pas intéressante en pratique lors d'IBD chez le chien.

4.3.4.2 La lactoferrine

La lactoferrine est une glycoprotéine de 80 kDa présente au niveau des neutrophiles et des sécrétions muqueuses (fluide utérin, sécrétions vaginales, liquide séminal, salive, bile, sécrétions pancréatiques, intestinales et nasales)[92]. Cette protéine est synthétisée durant la différenciation des neutrophiles et stockée au niveau de granules spécifiques[92]. Du fait de sa position stratégique à la surface des muqueuses la lactoferrine représente un des premiers systèmes de défense contre les agents microbiens envahissant l'organisme via les muqueuses. Cette protéine affecte la croissance et la prolifération de nombreux agents infectieux comme les bactéries Gram positives et négatives, certains virus, protozoaires et champignons.

Chez l'homme, les concentrations fécales en lactoferrine sont significativement supérieures chez les individus présentant une IBD active par rapport aux individus sains ou présentant une IBD inactive[93-97]. De plus les concentrations fécales de lactoferrine sont corrélées à la gravité des lésions pathohistologiques observées chez les patients souffrant d'IBD[97,98]. Enfin les niveaux de lactoferrine pourraient augmenter significativement avant l'apparition des signes cliniques, faisant donc de cette protéine un bon marqueur pour prédire une rechute[93,94]. L'intérêt de ce marqueur dans l'évaluation de l'inflammation intestinale n'a pas été étudié chez le chien à notre connaissance.

4.3.4.3 La calprotectine (S100A8/S100A9)

Sachant que les DAMP sont impliqués dans le déclenchement du stress cellulaire et de l'inflammation intestinale et que leur libération est locale, ces molécules sont des candidats de choix comme marqueur de l'inflammation intestinale.

4.3.4.3.1 Variations physiologiques

Les nourrissons prématurés ou nés à terme présentent des concentrations de calprotectine fécale plus élevées que les adolescents ou les adultes[99,100]. Les facteurs responsables de ces variations sont encore mal connus et controversés. Différents facteurs pourraient expliquer cette augmentation (Figure 27):

(1) Ingestion de calprotectine d'origine lactée
(2) Migration transépithéliale leucocytaire plus importante chez le nourrisson due à une immaturité de la muqueuse intestinale
(3) Inflammation intestinale « physiologique » suite à une exposition à des antigènes (a) alimentaires ou (b) bactériens.

Figure 27 : Facteurs pouvant expliquer une augmentation de la calprotectine fécale chez le nourrisson humain

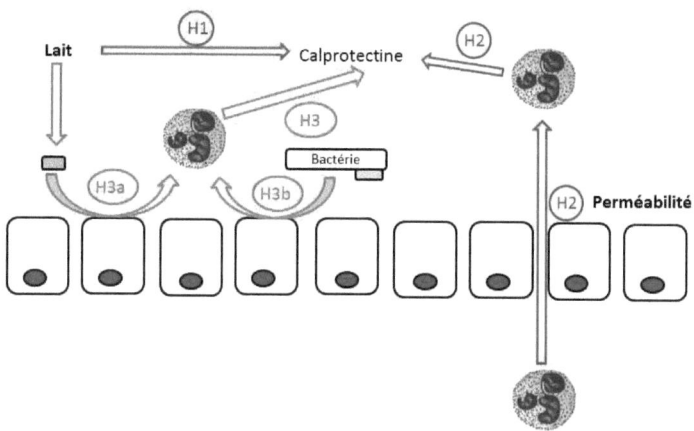

- **Hypothèse 1 : Ingestion de calprotectine d'origine lactée**

Le lait de la femme ne contient pas de calprotectine[99]. Les taux élevés mesurés chez les jeunes individus ne proviendraient donc pas de l'ingestion via le lait de calprotectine. En revanche des valeurs de calprotectine plus élevées sont observées chez les enfants nourris majoritairement ou exclusivement à base de lait industriel parapport à des enfants nourris exclusivement avec du lait maternel. Une corrélation positive entre les niveaux de calprotectine fécale et les volumes d'aliments administrés par voie entérale est également observée[99].

- **Hypothèse 2 : Migration transépithéliale leucocytaire plus importante chez le nourrisson due à une immaturité de la muqueuse intestinale**

Une corrélation significative entre les niveaux de calprotectine fécale dans les fluides de lavage intestinaux et la perméabilité intestinale est décrite. L'augmentation des concentrations de calprotectine fécale pourrait donc être liée à une perméabilité intestinale plus importante. Cependant des niveaux de calprotectine fécale similaires ont été observés chez des nourrissons prématurés ou nés à terme[99].

- **Hypothèse 3 : Inflammation intestinale suite à une exposition à des antigènes bactériens**

Le microbiote intestinal semble influencer les valeurs de calprotectine fécale comme le montrent :

(a) la corrélation positive entre la calprotectine fécale et la colonisation intestinale par *Staphyloccocus* et *Clostridium*[99]

(b) les concentrations fécales de calprotectine plus basses chez les enfants dont les mères ont reçu un traitement antibiotique durant la grossesse ou l'accouchement par rapport aux enfants dont les mères n'ont pas reçu d'antibiotiques[99].

(c) les concentrations fécales de calprotectine plus basses chez les enfants ayant reçu une antiobiothérapie après la naissance par rapport aux enfants n'ayant pas reçu d'antibiotiques[99].

Les bactéries intestinales et certains composants du microbiote intestinal pourraient stimuler la migration transépithéliale des granulocytes et/ou induire une augmentation de la libération de calprotectine leucocytaire. L'adaptation à la vie extrautérine et particulièrement la colonisation bactérienne du tube digestif pourrait être le paramètre majeur expliquant les niveaux élevés de calprotectine fécale chez les nourrissons par rapport aux taux de calprotectine observés chez les adolescents ou les adultes. Ces hauts niveaux de calprotectine pourraient participer aux mécanismes de défense des nouveau-nés dont le système immunitaire n'est pas complètement mature.

Les concentrations fécales en calprotectine fécale chez le nourrisson d'une semaine ne sont pas affectées par le sexe[99], l'utilisation de corticoïdes ante partum[99], le type d'accouchement (naturel vs césarienne)[99] ou le poids à la naissance[99].

4.3.4.3.2 Variations pathologiques chez l'homme

- **Calprotectine et inflammation intestinale**

La calprotectine est parmi les marqueurs digestifs les plus étudiés en médecine humaine au cours de ces dernières années. Des niveaux de calprotectine fécale significativement plus élevés ont été décrits chez des adultes présentant une maladie de Crohn[101-106] ou une colite ulcérative[101,102,106]. Des résultats similaires ont été décrits chez les enfants souffrant d'inflammation intestinale (IBD, entérocolite nécrosante)[101,102,104,107-112]. La sensibilité et la spécificité de ce test varient en fonction de la population étudiée. Une sensibilité moyenne de

93 % (85-97%) et une spécificité moyenne de 96 % (79-99%) furent décrites chez les adultes. Chez les enfants une sensibilité moyenne de 92 % (84-96 %) et une spécificité moyenne de 76 % (62 -86 %) furent décrites chez les enfants[102].

- **Calprotectine et gravité des lésions intestinales**

La concentration en calprotectine fécale chez l'adulte comme chez l'enfant présente une bonne corrélation avec la sévérité des lésions intestinales observées lors d'inflammation. Ainsi les individus présentant une colite ulcérative active présentent des concentrations de calprotectine fécale plus élevées par rapport à des individus présentant une colite ulcérative modérée ou inactive[101,113].

- **Prédiction des récidives**

La plupart des patients souffrant d'IBD présentent des rémissions ponctuées de récidives caractérisées par une augmentation de l'inflammation intestinale. Comme le moment d'apparition de ces récidives n'est pas prédictible, les signes cliniques sont utilisés pour évaluer l'activité de la maladie en première ligne au détriment d'examens plus invasifs. Cependant les signes cliniques apparaissent parfois assez tardivement laissant le temps à la réponse inflammatoire de s'installer. Les traitements nécessaires pour atteindre une rémission sont alors longs et importants. Sachant que la calprotectine fécale chez l'homme présente une bonne corrélation avec les lésions endoscopiques et histologiques, cette protéine est utilisée pour prédire les récidives chez les patients atteints d'IBD. Via l'utilisation d'un seuil de 50 mg/L, l'utilisation de la calprotectine permet de prédire une récidive avec une sensibilité de 90 % et une spécificité de 83%[114].

- **Intérêt de l'histologie en parallèle des mesures de calprotectine**

La seule évaluation de la calprotectine fécale ne permet pas d'établir un diagnostic de maladie inflammatoire chronique. En effet bien que les tumeurs bénignes intestinales (polype colorectal et adénome) ne soient pas associées à une augmentation de la concentration de calprotectine fécale, les tumeurs agressives (carcinome colorectal) engendrent une augmentation de la concentration fécale de cette protéine[115,116].

- **Autres facteurs pouvant augmenter les valeurs de calprotectine fécale**

L'utilisation d'antiinflammatoires non stéroïdiens ou la présence d'une cirrhose hépatique peuvent entrainer des valeurs de calprotectine anormalement élevées et donc des résultats faussement positifs lors d'une évaluation de l'inflammation intestinale[104].

4.3.4.3.3 Etude chez le chien

La calprotectine a été caractérisée chez le chien[117] et un test a été validé dans cette espèce[118]. Cependant aucune étude à notre connaissance n'a étudié la relation entre les concentrations en calprotectine fécale et l'inflammation intestinale chez le chien.

4.3.4.4 La protéine S100A12

Au même titre que la calprotectine, la protéine S100A12 fait partie des protéines fixatrices du calcium. Présente également au niveau des neutrophiles et des monocytes, la protéine S100A12 a une distribution similaire à la calprotectine au sein de ces cellules[119]. Cette protéine joue un rôle central dans la réponse immunitaire innée et acquise. Elle jouerait également un rôle de défense contre les microorganismes et les parasites et aurait des propriétés chimiotactiques[119].

Chez l'homme cette protéine est rapportée comme un marqueur sensible et spécifique lors de processus inflammatoires locaux comme une inflammation intestinale[18,120]. Bien que cette protéine ait été isolée et caractérisée chez le chien[119], aucune étude n'a été menée pour évaluer son intérêt comme marqueur de l'inflammation intestinale chez le chien.

4.3.4.5 Les protéines de phase aiguë

4.3.4.5.1 Présentation des différentes protéines de phase aiguë

Les protéines de phase aiguë (APP) sont des protéines synthétisées par les hépatocytes. Ces APP font partie des premières défenses mises en place suite à différents stimuli comme un trauma, une infection, un stress, une processus tumoral ou inflammatoire[121]. Les APP peuvent être divisées en APP positives ou négatives[121] (Tableau 5). L'albumine représente la principale APP négative. Ainsi suite à une réponse aiguë, cette protéine va diminuer en réponse à une perte liée à une modification rénale ou hépatique ou en réponse à une diminution de la synthèse hépatique[121]. Les APP positives quant à elles augmentent lors d'un processus aigu. En fonction de l'amplitude de leur augmentation, ces protéines peuvent être classées comme majeures, modérées ou mineures. Traditionnellement la concentration des APP majeures est 10 à 100 fois supérieure chez les individus présentant un trouble aigu par rapport à un individu sain. La concentration des APP modérées est quant à elle 2 à 10 fois supérieure lors d'un processus aigu. Enfin les APP mineures ne présentent qu'une faible augmentation lors d'un processus aigu[121]. Les APP majeures augmentent significativement dans les 48 premières heures suite au stimulus déclenchant avant de diminuer rapidement du fait de leur demi-vie courte. Les APP modérées présentent une augmentation plus lente mais plus persistante dans le temps. Ces protéines sont plus fréquemment observées dans les processus inflammatoires chroniques.

Tableau 5: Les différentes protéines de phase aiguë et leur concentration chez des chiens sains[122]

Type de réponse	Amplitude de la réponse	Type de protéine de phase aiguë	Concentrations sur des chiens sains
Positive	Majeure	Protéine C réactive	<5 mg/L <10 mg/L 0.22-4.04mg/L 0,8-16,4 mg/L 8,4 ± 4,6 mg/L 0.48 ± 0,17 mg/L
		Sérum amyloid A	Non détectable -2,19 mg/L Non détectable – 69,6 U/mL 1,15 ± 2,53 mg/L
	Modérée	Haptoglobine	0-3 g/L 0,3 – 1.8 g/L
		Alpha-1-acide-glycoprotéine	322 ± 202 µg/mL 509 ±117 µg/mL 302 ±74 µg/mL < 380 µg/mL 480 ± 149 µg/mL
		céruloplasmine	< 20 UI/L < 0,4 oxidase units < 4,93 mg/dL
Négative		Albumine	
		Transferrine	

La protéine C réactive (CRP) fut la première APP décrite. Depuis, différentes études sur différents APP ont été menées chez le chien. Des changements significatifs des APP ont été observés lors de processus inflammatoires, tumoraux et infectieux (Tableau 6).

Tableau 6: Modifications de la concentration en APP en fonction de la maladie considérée

Processus	Protéine de phase aiguë considérée	Maladie considérée	Référence
Infection	CRP + SSA	Pyomètre	123,124
	CRP + Céruloplasmine	Babésiose	125,126
	CRP + SSA	*Bordetella bronchiseptica*	127,128
	CRP	*Ehrlichia canis* (infection expérimentale)	129
	CRP	*Leishmania spp* (infection naturelle)	130
	SSA	Parvovirose (infection expérimentale)	122
Inflammation	Haptoglobine + fibrinogène	Hyperadrénocorticisme	131
	CRP	Pancréatite aiguë.	123,132
	CRP	IBD	28
	CRP	Chirurgie	133
	CRP	Maladies valvulaires chroniques	134
	CRP	Polyarthrite	123,135
	CRP	Panniculite	123
Tumeur	CRP	Lymphome	136
	CRP	Hémangiosarcome	123
	CRP	Tumeur mammaire	137

CRP = protéine C réactive SSA = Serum amyloid A, IBD = Inflammatory Bowel disease

4.3.4.5.2 Variations physiologiques des concentrations de protéines de phase aiguë

Les variations physiologiques de l'α_1-acid glycoprotein (AGP) ont été étudiées sur 246 chiens sains. Des concentrations sériques 3 fois plus basses ont été observées chez les chiots nouveau-nés par rapport à des chiens adultes. Les valeurs d'AGP augmentent progressivement depuis la naissance jusqu'à 7 mois pour atteindre alors des valeurs équivalentes à un animal adulte. Des résultats similaires sont observés chez l'être humain avec des valeurs deux fois plus basses chez les enfants par rapports aux adultes. Bien que les concentrations en CRP ne semblent pas être influencées par l'âge de l'animal[138], l'âge pourrait jouer un rôle dans l'amplitude de la réponse lors d'une inflammation (pic de CRP plus important sur des chiots de 3 à 18 mois par rapport à des chiots d'un mois suite à une inoculation par *Staphylococcus aureus*)[122].

Une variation de la concentration en AGP a été notée en fonction des races de chiens considérées. Ainsi les teckels ou Yorkshire terriers présentent des valeurs d'AGP significativement plus basses que le Caniche, le Cocker, le Labrador ou le Berger Allemand[122]. Ces variations physiologiques pourraient contribuer à la variabilité des valeurs d'AGP observées chez le chien sain.

Aucun effet du sexe sur les concentrations de CRP et d'AGP ne fut démontré chez des Beagle en bonne santé[138,139]. Cependant une augmentation de la concentration des APP fut observée durant l'implantation embryonnaire et le développement placentaire. Cette augmentation peut être liée à la réponse inflammatoire engendrée par l'invasion endométriale[122].

4.3.4.5.3 Protéines de phase aiguë et maladies gastro-intestinales

Une augmentation des concentrations en APP a été mise en évidence dans le sérum de chiens chez lesquels des lésions de la muqueuse gastrique ont été induites à l'aide d'acide acétylsalicylique, indométhacine, et chlorure de sodium[140]. Aucune augmentation de l'α-acide glycoprotéine, de la sérum amyloïde A, et de l'haptoglobine ne fut observée chez des chiens souffrant d'IBD par rapport à des chiens sains[28]. En revanche une augmentation significative et importante de la CRP (20 fois supérieure aux valeurs physiologiques) fut démontrée sur des chiots atteints de parvovirose[89]. De plus les chiens souffrant d'une IBD sévère (CIBDAI $\geq$ 5) présentent également une augmentation significative mais modérée de la CRP (6 fois supérieure aux valeurs physiologiques) par rapport à des chiens sains[28,89]. Malgré ces valeurs plus élevées chez les chiens atteints d'IBD aucune corrélation ne fut démontrée entre la gravité des lésions histologiques ou cliniques et la concentration en CRP[89]. Cependant une diminution de sa concentration associée à une diminution de la gravité des signes cliniques fut observée après traitement de chiens souffrant d'IBD[28]. Aucune augmentation de la CRP ne fut observée chez les chiens atteints d'insuffisance du pancréas exocrine ou d'une entéropathie répondant aux antibiotiques[141]. Cette protéine fut donc proposée comme un paramètre d'évaluation complémentaire pour non seulement classer et évaluer la maladie mais également pour évaluer la réponse thérapeutique lors d'IBD[122]. L'utilisation de cette protéine dans le suivi des patients doit être cependant considérée avec précaution. En effet ce marqueur présente une faible spécificité. Tout processus inflammatoire comme un trauma, une maladie infectieuse ou parasitaire, ou un processus tumoral peut entretenir des taux élevés de CRP malgré un traitement efficace de l'IBD[122]. Enfin la CRP dans certain cas d'IBD peut être dans les normes. Son utilisation dans ce cas-là n'est pas possible ou doit être adaptée (comparaison des concentrations de CRP avant et après traitement et évaluation de la différence de concentration)[122].

4.3.4.6 *Le leucotriène E4*

4.3.4.6.1 Origine du leucotriène E4

Les cystéinyl-leucotriènes, comme le leucotriène C4, DE ou E4 (LTE4), sont des peptido-lipides dérivés de l'acide arachidonique (voie de la 5-lipoxygénase) provenant des membranes cellulaires. Ces molécules pro-inflammatoires, produites principalement par les macrophages/monocytes, les éosinophiles, les basophiles et les mastocytes activés, contribuent à la réponse inflammatoire en augmentant la perméabilité microvasculaire, en favorisant la chémotaxie et stimulant les sécrétions de la muqueuse colique[17]. Le LTE4 est le métabolite urinaire principal de cette voie enzymatique et fournit la meilleure mesure in vivo de la production systémique des cystéinyl-leucotriènes chez l'homme[142].

4.3.4.6.2 Utilisation du leucotriène E4 comme marqueur lors d'IBD chez l'homme

Les leucotriènes produits à partir de la voie de la 5-lipoxygénase jouent un rôle majeur dans la réponse inflammatoire chez les humains atteint d'IBD. La réalisation de biopsies sur ces patients montrent une augmentation de l'expression de la 5-lipoxygénase et des hydrolases de leucotriène A4, indiquant une augmentation de la synthèse tissulaire de leucotriène B4[17]. De plus une augmentation de l'excrétion urinaire de LTE4 est observée chez les patients présentant une maladie de Crohn ou une colite ulcérative par rapport à des individus sains[143]. Des concentrations significativement plus élevées ont également été notées chez les patients présentant une maladie active par rapport à des patients en rémission[144]. Cette augmentation urinaire de LTE4 n'est cependant pas spécifique d'une inflammation intestinale. Ainsi une augmentation de la LTE4 urinaire est observée lors de maladies bronchiques obstructives, de maladies coronariennes, d'ischémie cardiaque et de diabète de type 1[17].

4.3.4.6.3 Utilisation du leucotriène E4 comme marqueur lors d'IBD chez le chien

Comme chez l'homme, le principal métabolite de la voie de la 5-lipoxygénase chez le chien est le LTE[145]. Une augmentation de son excrétion urinaire fut mise en évidence chez des chiens présentant une IBD par rapport à des chiens sains suggérant que l'activation de la voie des cystéinyl-leucotriènes pourrait contribuer à l'état inflammatoire observé lors d'une IBD[17]. Une valeur limite de 90,59 pg de LTE4 / mg de créatinine permettrait de diagnostiquer une IBD avec une sensibilité de 50 % et une spécificité de 96 %[17]. Cet examen serait donc intéressant dans la confirmation d'une IBD plutôt que comme test de screening. Davantage d'études sont cependant nécessaires pour déterminer l'intérêt de ce test en pratique. En effet la concentration de LTE4 dans les urines ne permettrait pas de discerner les IBD des entéropathies répondant à l'aliment. De plus, aucune corrélation ne fut notée entre la concentration urinaire de LTE4 et le CIBDAI chez les chiens atteint d'IBD ou d'entéropathie répondant à l'aliment[17].

4.3.5 Les marqueurs de l'immunité locale

4.3.5.1 Les immunoglobulines

Les IgA sont les principales immunoglobulines sécrétées au niveau de la muqueuse intestinale. Ces immunoglobulines jouent un rôle clé dans la défense de la muqueuse digestive. Ainsi les hommes souffrant d'une déficience en immunoglobulines de type A[146,147] (maladie caractérisée par des concentrations en IgA sériques inférieures à 0,05 mg/L[146] et des niveaux indétectables dans les selles[148]) présentent des infections récurrentes au niveau digestif se manifestant par le développement de maladies gastro-intestinales chroniques[123]. Chez les enfants, les IgA fécales interviennent dans la protection contre le rotavirus. Ainsi de hauts taux d'IgA fécales sont associés à une protection contre le rotavirus humain (protection contre l'infection et les signes cliniques induits par le virus)[149,150].

Chez la souris, les immunoglobulines intestinales sont également nécessaires pour éliminer une infection par *Giardia muris* ou *Giardia lambia*[151]. Ainsi les souris déficientes en IgA sont incapables d'éradiquer une infection par *Giardia* sp[151].

Chez le chien la concentration en IgA sériques ne reflète pas la concentration en IgA intestinale[152-154]. De plus une étude sur la souris démontre une bonne corrélation entre les concentrations en IgA issus d'un liquide de lavage et les IgA dans les selles[155]. L'évaluation de la concentration intestinale en IgA serait donc plus pertinente pour l'évaluation de l'immunité intestinale. Une méthode de dosage des IgA fécales a été développée chez le chien[156]. Des concentrations fécales entre 0,22 et 3,24 mg/g seraient physiologiques chez le chien[156]. Cependant de fortes variations dans la concentration en IgA fécales sont observées[156]. Ces variations pourraient être liées au régime alimentaire des animaux, au niveau de stress, aux différentes stimulations antigéniques, au temps de transit intestinal et au statut vaccinal des animaux[156]. Face à la variabilité intra-individuelle observée chez le chien, la collecte de multiples prélèvements est conseillée (4 prélèvements au total, 2 prélèvements durant deux jours consécutifs suivis de 2 autres prélèvements 28 jours plus tard)[156].

Une déficience en IgA fut suspectée chez les Bergers Allemands et proposée comme une explication de la sensibilité digestive observée dans cette race, une concentration fécale plus faible ayant été observée chez des Bergers Allemands par rapport à un groupe témoin constitué de Labrador retrievers, de Golden retrievers, de Setter Irlandais et de chiens croisés[157]. Cependant cette concentration plus faible en IgA dans les selles de Berger Allemand ne fut pas mise en évidence dans une autre étude[148]. En revanche une différence raciale fut observée.

La concentration intestinale en IgA joue un rôle important dans les défenses immunitaires locales en cas d'infection. Ainsi la diminution des signes cliniques et de l'excrétion virale chez les chiots atteints de parvovirose serait corrélée à la quantité d'IgA fécaux[154].

4.3.5.2 Marqueur des maladies à médiation immunitaire

Les anticorps anti-neutrophiles cytoplasmiques périnucléaires (pANCA) sont des autoanticorps, ayant été mis en évidence dans un premier temps chez les humains atteints de lupus érythémateux systémique ou de vasculite puis chez les patients atteints d'IBD (maladie de Crohn ou colite ulcérative)[158]. Les pANCA peuvent être détectés par immunofluorescence indirecte et par technique immunoenzymatique ELISA utilisant la myéloperoxidase. Les séra positifs pour les pANCA présentent alors une coloration caractéristique des granulocytes. Les antigènes candidats pour les pANCA ont été identifiés dans les granules des neutrophiles (protéinas3, lactoferrine, myeloperoxidase, et lysozyme), dans les membranes bactériennes, dans les mastocytes et les cellules neuroendocriniennes[159].

La performance de ce test fut évaluée chez des chiens sains, souffrant d'IBD ou présentant des diarrhées chroniques non liés à une IBD[159]. Une sensibilité de 51 % et une spécificité allant de 82 à 95 % fut décrite dans cette étude[159]. Cette spécificité élevée est en accord avec les résultats observés en médecine humaine chez lesquels une sensibilité de plus 94 % fut décrite pour discerner les patients avec IBD des patients sains et les patients sains des patients présentant des troubles digestifs non associés à une IBD[160]. Une association significative fut également mise en évidence entre la présence d'une hypoalbuminémie et un test de pANCA positif[161]. Enfin une association entre un test de pANCA positif et le risque de développer une entéropathie exsudative fut observée chez le terrier irlandais à poils doux (spécificité de 80 % et sensibilité de 95%)[161].

Malgré ces résultats encourageants plusieurs limites ont été décrites pour ce test :
(1) Sa faible sensibilité chez le chien ne permet pas son utilisation comme tests de screening dans la population[10].
(2) Cet examen ne permet pas de discerner une IBD d'une entéropathie répondant à l'aliment, les deux populations de chiens présentant des résultats positifs de pANCA dans respectivement 23 % et 62 % des cas avant traitement[162].
(3) Les taux de pANCA ne sont pas corrélés avec le CIBDAI, le score histologique, et les lésions histologiques chez les chiens avec IBD ou FRD avant et après traitement[162].
(4) Une augmentation du taux de pANCA et une séroconversion furent également notées sur certains chiens après mise en place d'un traitement sans explication[162].
(5) Ce test ne permet pas de distinguer les chiens atteints de lymphome des chiens atteints d'IBD, ces deux populations de chiens pouvant présenter des résultats positifs[163].

4.3.6 Bilan des différents marqueurs

Les marqueurs systémiques présentent en général de faibles sensibilité et spécificité dans le diagnostic des maladies inflammatoires intestinales. La concentration des marqueurs fécaux n'étant pas augmentée lors d'un processus inflammatoire extradigestif, ceux-ci présentent théoriquement une meilleure spécificité pour le diagnostic des maladies inflammatoires intestinales[94]. Chez l'homme, la lactoferrine et les protéines S100 (calprotectine et S100A12) constituent les meilleurs marqueurs du fait de leurs bonnes sensibilité et spécificité dans la détection d'une inflammation intestinale mais également du fait de leur excellente stabilité dans les selles[94] (Figure 28).

Figure 28 : Bilan des différents marqueurs de l'intégrité et fonction intestinale

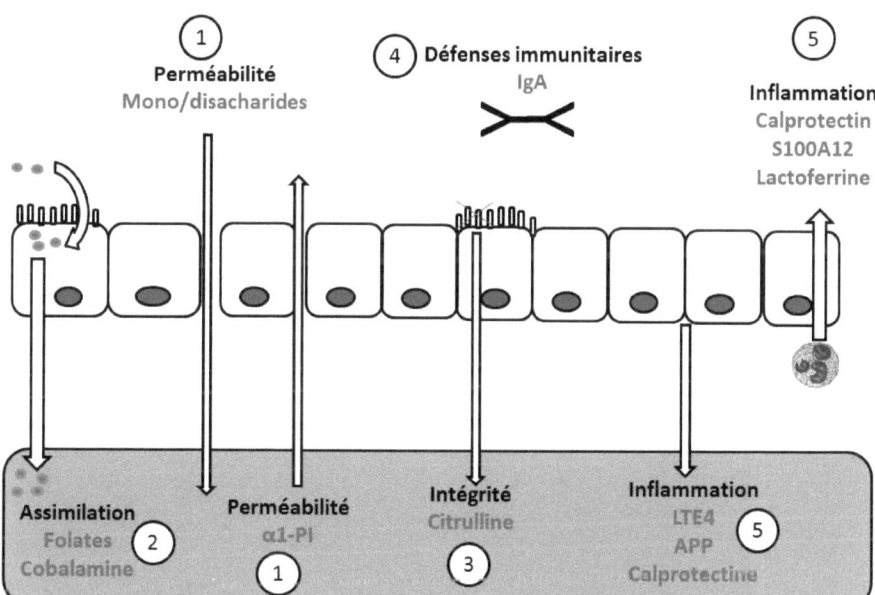

LTE4 = Leucotriène E4 ; APP = Protéines de phase aigue ; IgA = Immunoglobuline A, α1-PI = Inhibiteur de l'alpha 1 protéinase

Partie expérimentale

Partie expérimentale

La partie expérimentale se décompose en une étude préliminaire menée chez le chien adulte et une série d'études menées chez le chiot.

L'étude préliminaire avait pour but d'évaluer l'intérêt de la calprotectine fécale comme marqueur non invasif de l'état de la muqueuse intestinale. Cette évaluation a été menée chez des chiens adultes souffrant de diarrhée chronique, inflammatoire ou non, chez lesquels des endoscopies et de biopsies intestinales furent réalisées dans le cadre d'une démarche diagnostique. Nous avons vu ici l'opportunité d'évaluer l'intérêt des mesures de calprotectine fécale sans faire subir à l'animal des examens invasifs supplémentaires non nécessaires. Chez le chiot, bien que les diarrhées puissent être multifactorielles en périsevrage, il n'existe pas d'indication particulière nécessitant la réalisation de biopsies intestinales. Aussi, pour des raisons d'éthique, l'intérêt de la calprotectine comme marqueur de l'état de la muqueuse intestinale fut évalué chez le chien adulte.

Dans un second temps une série d'études ont été menées chez le chiot. Une première étude s'est attachée à développer une échelle de score fécal adaptée au chiot. Cette échelle fut par la suite utilisée pour évaluer les facteurs de risque des diarrhées chez le chiot en élevage. L'effet des parasites digestifs sur la muqueuse digestive fut ensuite évalué via l'utilisation de la calprotectine fécale. Enfin la prévalence et les risques d'infection par un virus encore peu connu, l'astrovirus, furent évalués.

Etude préliminaire : Intérêt de la calprotectine pour l'évaluation de l'inflammation digestive lors de diarrhées chroniques chez le chien

Le score fécal est un outil clinique permettant d'évaluer de manière simple et peu coûteuse la santé digestive du chiot. Une dégradation du score fécal entraine comme nous l'avons vu une baisse du GMQ et peut parallèlement avoir des conséquences graves sur la santé de l'animal (désydratation, hypoglycémie ou mort)[164]. Dans certaines situations, la dégradation de la qualité des selles peut être passagère et représente alors peu de risque pour l'animal, c'est le cas par exemple lors d'une mauvais transition alimentaire[165]. Dans d'autres situations cette dégradation du score fécal peut être le reflet d'une inflammation et/ou destruction intestinale sévère suite à une infection virale comme lors d'une parvovirose[83,166]. La seule évaluation de la qualité des selles ne permet donc pas d'objectiver l'état de la muqueuse intestinale. L'analyse histologique de biopsies intestinales est utilisée chez le chien dans la démarche diagnostique lors de diarrhée chronique. Cependant la réalisation de biopsies est un examen invasif et difficile à réaliser sur de très jeunes animaux. De plus, différentes études ont montré la faible corrélation entre la gravité des lésions inflammatoires à l'histologie et la gravité des signes cliniques[16,29,41-43].

En médecine humaine différents marqueurs sont utilisés pour évaluer l'état de la muqueuse intestinale de manière non invasive. La calprotectine est l'un de ces marqueurs. **L'objectif de cette étude préliminère fut d'évaluer l'intérêt de la calprotectine comme marqueur non invasif de l'inflammation intestinale chez le chien** (Figure 30). Notre choix s'est porté sur cette protéine suite aux nombreuses publications démontrant l'intérêt de cette protéine comme marqueur de l'inflammation intestinale chez l'homme[94,95,98,99,101,104,106-112,167,168]. Cette protéine présente également comme intérêt d'être stable plusieurs jours à température ambiante et donc d'être facilement utilisable en pratique. Pour la validation de la calprotectine comme marqueur de l'inflammation intestinale, nous avons décidé de travailler sur des chiens adultes atteints de diarrhées chroniques. Ce choix a été motivé par la possibilité de profiter de biopsies réalisées dans le cadre d'une démarche diagnostique chez des chiens souffrant de diarrhée chronique.

Figure 30 : Evaluation de la calprotectine : schéma systémique

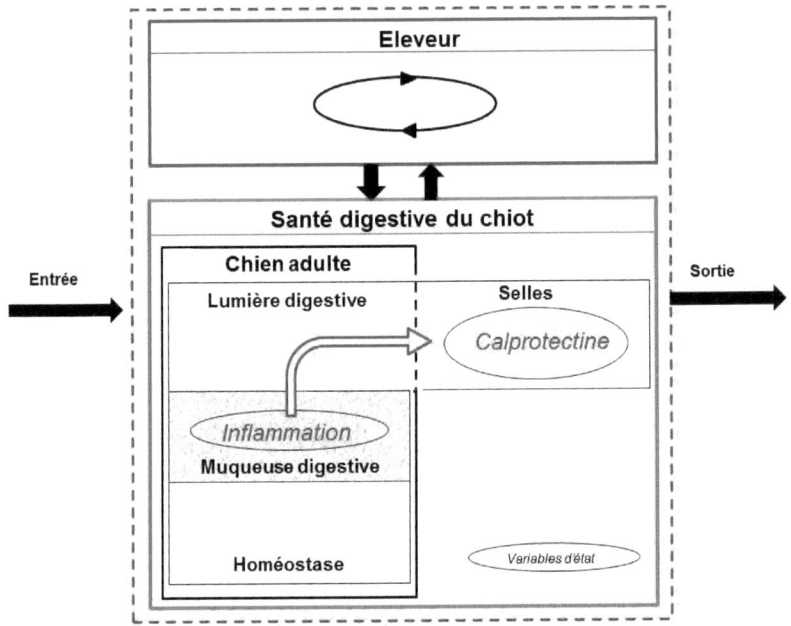

Pour évaluer l'intérêt de cette protéine comme marqueur 28 chiens souffrant de diarrhées chroniques et référés dans une clinique spécialisée en gastroentérologie furent inclus dans cette étude. Pour chaque chien, la sévérité des signes cliniques fut évaluée via l'échelle développée par Allenspach et al[16]. Dans le cadre d'une démarche diagnostique, des biopsies intestinales furent réalisées par endoscopie sur chaque chien. Les biopsies furent analysées en suivant les recommandations de la World Small Animal Veterinary Association (WSAVA) de manière à évaluer la présence ou non de lésions intestinales et le type de lésions. La concentration en calprotectine fécale fut évaluée sur chacun des chiens à partir de selles fraîchement émises. 69 chiens sains furent inclus dans cette étude comme groupe témoin.

Les chiens souffrant de diarrhée chronique présentèrent des concentrations en calprotectine significativement plus élevées que les chiens sains ($P < 0,001$). Les chiens avec un CCECAI $\geq$ 12 présentèrent une concentration en calprotectine significativement plus élevée que les chiens avec un CCECAI entre 4 et 11 (P = 0,018). Une concentration de 48,9 µg/g fut considérée comme le meilleur seuil pour prédire un CCECAI ≥ 12 (sensibilité 56,3 % [95% IC : 33,2-76,8%]; spécificité 91,7 % [95%IC: 62,1-100%]; Aire sous la courbe = 0,766 [95% CI: 0,592-0,939], P = 0,003).

La calprotectine serait donc un marqueur non invasif de l'inflammation intestinale chez le chien adulte. Des études plus approfondies sur l'intérêt de ce marqueur pour le suivi des patients souffrant de diarrhées chronique serait intéressant.

Ce travail a été accepté pour publication en 2013 dans la revue
American Journal of Veterinary Research

Grellet A, Heilmann RM, Lecoindre P, Feugier A, Day MJ, Grandjean D, Suchodolski JS, Steiner JM. Fecal calprotectin concentrations in adult dogs with chronic diarrhea. American Journal of Veterinary research, 2013,74 (6):706-711

Objective—To evaluate fecal calprotectin concentrations in healthy dogs and dogs with chronic diarrhea, to identify cutoff values for fecal calprotectin concentrations for use in differentiating dogs with chronic diarrhea and a canine chronic enteropathy clinical activity index (CCECAI) < 12 from dogs with chronic diarrhea and a CCECAI ≥ 12, and to evaluate the association between histologic evidence of intestinal mucosal changes and fecal calprotectin concentrations in dogs with chronic diarrhea.

Sample—Fecal samples from 96 adult dogs (27 dogs with chronic diarrhea and 69 healthy control dogs).

Procedures—Severity of clinical signs was evaluated on the basis of the CCECAI scoring system. Endoscopy was performed in all dogs with chronic diarrhea, and mucosal biopsy specimens were evaluated histologically. Fecal calprotectin concentration was quantified via radioimmunoassay.

Results—Fecal calprotectin concentrations were significantly higher in dogs with chronic diarrhea than in healthy control dogs. Fecal calprotectin concentrations were also significantly higher in dogs with a CCECAI ≥ 12, compared with concentrations for dogs with a CCECAI between 4 and 11. Fecal calprotectin concentrations were significantly higher in dogs with chronic diarrhea associated with histologic lesions, compared with concentrations in control dogs, and were significantly correlated with the severity of histologic intestinal lesions. Among dogs with chronic diarrhea, the best cutoff fecal calprotectin concentration for predicting a CCECAI ≥12 was 48.9 mg/g (sensitivity, 53.3%; specificity, 91.7%).

Conclusions and Clinical Relevance—Fecal calprotectin may be a useful biomarker in dogs with chronic diarrhea, especially dogs with histologic lesions.

Partie 1 : Evaluation d'une échelle de score fécal chez le chiot durant la période de sevrage

L'évaluation de la santé digestive chez le chiot nécessite des outils de mesure objectifs. Chez le chien adulte, le score fécal est fréquemment utilisé dans le cadre de cette évaluation. Pour cela différentes échelles, divisées en 4 à 10 points, ont été proposées[16,169-173]. En fonction des éudes, un score bas correspond à des selles sèches ou au contraire diarrhéiques ; le score optimal variant de 2 à 7,5[16,170,171,174]. Une moins bonne tolérance digestive des chiens de grandes races (Berger allemand, Dogues allemands) a été mise en évidence grâce à l'utilisation de ces échelles[173,175-177]. Ces chiens présentent une fréquence de défécation plus élévée et des selles naturellement plus molles par rapport à des chiens de petite race. Un effet de l'âge sur la qualité des selles fut également observé chez des chiots de 11 semaines avec des selles significativement plus humides sur ces jeunes animaux[177]. Enfin une amélioration de la qualité des selles avec l'âge fut démontrée chez des chiots de petites tailles de 40 à 50 jours d'âge[178].

Malgré ces observations aucune étude ne s'est attachée à évaluer l'effet de l'âge et de la taille de l'animal sur la qualité des selles chez les très jeunes chiots. **Le but de cette première étude chez le chiot fut donc d'étudier l'effet de l'âge et de la taille sur la qualité des selles et de déterminer de manière objective une selle anormale chez le chiot** (Figure 29).

Figure 29 : Evaluation du score fécal : schéma systémique

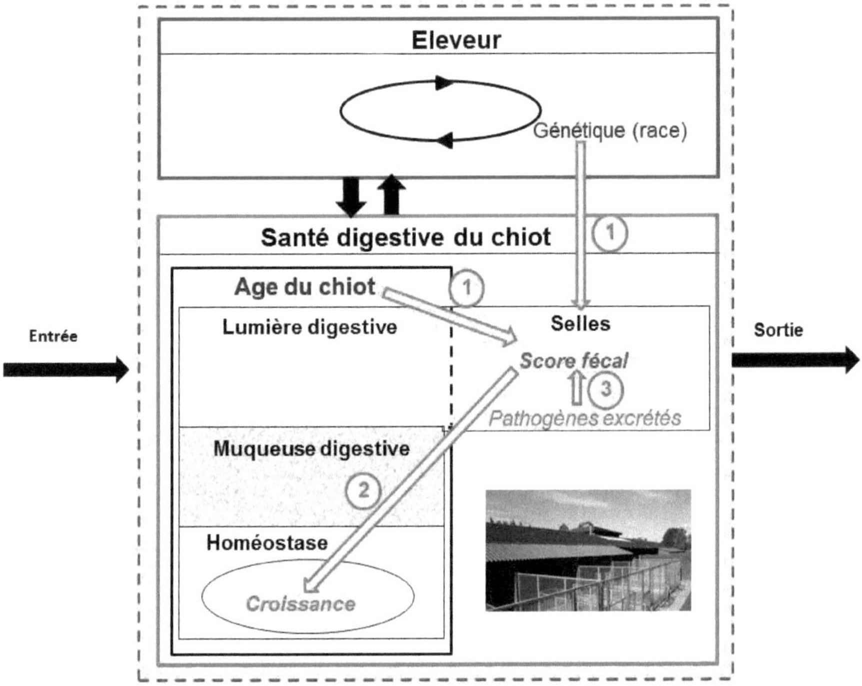

Entre décembre 2009 et juin 2010, 154 chiots d'un même élevage canin du nord de la France, furent inclus dans cette étude. Chaque chiot fut suivi entre 4 et 8 semaines d'âge. Les chiots furent divisés en deux groupes en fonction de leur poids attendu à l'âge adulte : les chiots « small » (races de chiens faisant moins de 10 kg à l'age adulte) et les chiots « large » (races de chiens faisant plus de 25 kg à l'age adulte). Deux périodes d'âge furent également considérées : 4-5 semaines et 5-6 semaines. Pour chaque chiot et chaque période la qualité des selles fut évaluée en utilisant une échelle allant de 1 à 13 (1 = selle complètement liquide, 13 = selle sèche et très dure). Parallèlement trois paramètres furent pris en compte : le gain moyen quotidien (GMQ) du chiot et la charge fécale de parvovirus et de coronavirus excrétée. Le GMQ fut utilisé pour déterminer de manière objective un score fécal anormal. L'ensemble des scores fécaux ayant un impact significatif sur le GMQ furent considérés comme anormaux. Le parvovirus, agent responsable de gastroentérite chez le chiot, fut utilisé pour confirmer les résultats obtenus. L'hypothèse émise fut que les chiots présentant des selles anormales devaient excréter plus fréquemment ou des charges plus élevées de parvovirus par rapport à des chiots ayant des selles considérées comme normales.

Un effet de la race sur la qualité des selles fut observé, avec la mise en évidence de selles plus molles sur les chiots « large » par rapport aux chiots « small ». Un effet de l'âge fut également démontré chez les chiots « small » avec des selles significativement plus molles durant la période 4-5 semaines par rapport à la période 6-8 semaines.

Le GMQ fut utilisé comme paramètre objectif pour déterminer un score fécal anormal chez le chiot. Un effet de l'âge et de la race ayant été mis en évidence, l'impact du GMQ sur le score fécal fut étudié pour chaque tranche d'âge et chaque population de chiens (« small » ou « large »). Quelque soit l'âge, les chiots « large » avec un score fécal ≤ 5 présentèrent un GMQ significativement plus faible que les chiots « large » avec un score fécal > 5. Pour les chiots « small », des scores fécaux ≤ 6 entre 4-5 semaines et ≤ 7 entre 6-8 semaines furent associés à une baisse significative du GMQ. **Aussi un score fécal ≤ 5 fut donc défini comme pathologique chez les chiots de grandes races quelque soit l'âge. Chez les chiots de petites races un score ≤ 6 entre 4-5 semaines et ≤ 7 entre 6-8 semaines d'âge furent déterminés comme anormaux.**

L'utilisation de cette échelle nous a permis de tenir compte des effets physiologiques de l'âge et de la race sur la qualité des selles. L'effet du parvovirus fut donc étudié quelque soit l'âge et la race. Les chiots avec des selles anormales excrétèrent significativement plus souvent des charges importantes de parvovirus que les chiots avec des selles normales. En revanche la prévalence du coronavirus ne fut pas significativement différente chez les chiots avec et sans troubles digestifs

---

Cette première étude nous a donc permis de définir de manière objective un score fécal anormal chez le jeune chiot, outil indispensable pour l'évaluation des facteurs de risque des diarrhées de sevrage chez le chiot.

Ce travail a été accepté pour publication en 2012 dans la revue
Preventive Veterinary Medecine.
Grellet A, Feugier A, Chastant S, Carrez B, Boucraut-Baralon C, Casseleux G, Grandjean D. Validation of a fecal scoring scale in puppies during the weaning period. Preventive Veterinary Medicine 2012, 106 : 315-323

In puppies weaning is a high risk period. Fecal changes are frequent and can be signs of infection by digestive pathogens (bacteria, viruses, parasites) and indicators of nutritional and environmental stress. The aim of this study was to define a pathological fecal score for weaning puppies, and to study the impact on that score of two intestinal viruses (canine parvovirus type 2 and canine coronavirus). For this, the quality of stools was evaluated on 154 puppies between 4 and 8 weeks of age (100 from small breeds and 54 from large breeds). The scoring was performed immediately after a spontaneous defecation based on a 13-point scale (from 1; liquid to 13; dry and hard feces). Fecal samples were frozen for further viral analysis. Each puppy was weighed once a week during the study period. The fecal score regarded as pathological was the highest score associated with a significant reduction in average daily gain (ADG). Fecal samples were checked by semi-quantitative PCR or RTPCR for canine parvovirus type 2 and canine coronavirus identification, respectively. The quality of feces was affected by both age and breed size. In small breeds, the ADG was significantly reduced under a fecal score of 6 and 7 for puppies at 4–5 and 6–8 weeks of age, respectively. In large breeds, the ADG was significantly reduced under a fecal score of 5 whatever the age of the puppy. Whereas a high viral load of canine parvovirus type 2 significantly impacted feces quality, no effect was recorded for canine coronavirus. This study provides an objective threshold for evaluation of fecal quality in weaning puppies. It also emphasizes the importance to be given to age and breed size in that evaluation.

Partie 2 :
Facteurs influençant la santé digestive chez le chiot

La santé digestive chez le chiot peut être évaluée cliniquement via la qualité des selles ou grâce à l'utilisation de différents examens complémentaires. L'échelle de score fécal développée dans la première partie de notre étude fut utilisée pour déterminer les facteurs de risque des diarrhées de sevrage chez le chiot (partie 2A). Dans un deuxième temps, l'effet des parasites digestifs sur la muqueuse intestinale fut évalué via la mesure de la calprotectine fécale, marqueur que nous avons évalué lors de l'étude préliminaire chez le chien adulte (partie 2B).

Etude 2A :
Facteurs de risque des diarrhées de sevrage chez le chiot en élevage

La qualité des selles chez le chien peut être influencée par les caractéristiques propres de l'animal (taille et âge), la présence d'entéropathogènes (virus, parasites, bactéries), et l'alimentation (erreur dans la transition alimentaire, qualité de l'aliment)[165,173,176,177,179]. Durant le sevrage différents virus et parasites sont isolés chez le chiot. *Giardia duodenalis, Cryptosporidium parvum, Toxocara canis, Isospora canis, Isospora ohioensis* complex, le parvovirus et le coronavirus canin sont les pathogènes intestinaux les plus fréquemment isolés chez le jeune chien[180]. Cependant la seule présence de ces agents n'est pas suffisante pour entrainer des troubles digestifs[181-184]. La diarrhée est un processus complexe résultant d'une interaction entre l'agent infectieux, l'immunité de l'hôte, et la gestion de l'individu. La plupart des études portent sur un seul agent pathogène ou une famille d'agents pathogènes et n'intègrent pas de manière globale les problèmes digestifs[182,185,186]. **L'objectif de cette étude fut de déterminer les facteurs de risque infectieux, environnementaux et zootechniques responsables de diarrhée de sevrage chez le chiot** (Figure 31).

307 chiots issus de 33 élevages canins furent inclus dans cette étude. Les selles de chaque chiot furent évaluées et classées comme anormales ou non en fonction de l'échelle développée dans la première partie de ce travail. Parallèlement différents facteurs environnementaux (taille de l'élevage), zootechniques (fréquence de distribution des repas, nettoyage) et infectieux (virus et parasites) furent étudiés. Le parvovirus fut le seul agent infectieux significativement associé à des selles anormales. Parmi les facteurs non infectieux, le nombre de repas et la taille de l'élevage furent deux paramètres ayant une influence sur la qualité des selles. Les chiots recevant moins de 4 repas par jour et les chiots issus d'élevages de grande taille présentèrent plus fréquemment des selles anormales que, respectivement, les chiots nourris 4 fois par jour et provenant d'élevages de petite taille. Seul le parvovirus fut démontré comme ayant un effet sur la qualité des selles dans un modèle global prenant en compte l'ensemble des facteurs.

Figure 31 : Evaluation des facteurs de risque des diarrhées de sevrage : schéma systémique

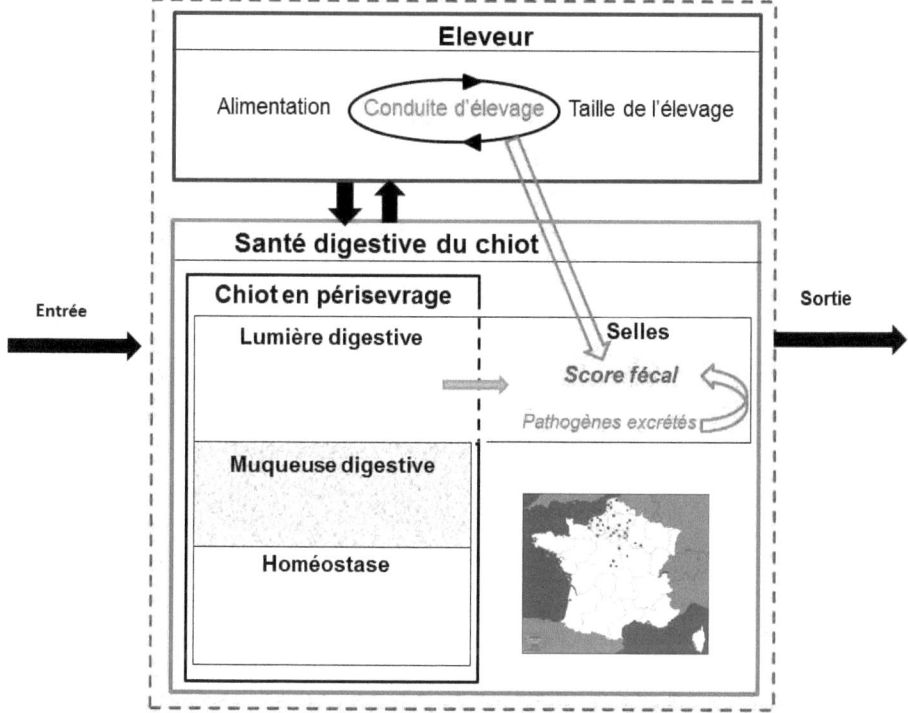

Ce travail a été soumis pour publication en 2014 dans la revue
Preventive Veterinary Medecine.

Grellet A, Chastant-Maillard S, Robin C, Feugier A, Boogaerts C, Boucraut-Baralon C, Grandjean D, Polack B.

Risk factors of weaning diarrhea in puppies housed in breeding kennels

Diarrhea represents one of the most frequent disorders in dogs. In puppies, degradation of feces quality is associated with a reduced daily weight gain and an increased risk of death. Prevention of diarrhea in puppies requires a global approach encompassing enteropathogens, environment and management practices especially when housed in groups. The purpose of this study was to identify risk factors of diarrhea in puppies in breeding kennels. Two hundred and sixty six puppies (between 5 and 14 weeks of age) from 29 French breeding kennels were included. For each kennel, data about environment, management of the kennel and puppies' characteristics (age, sex and breed) were collected. For each puppy, fecal consistency and fecal excretion of enteropathogens (viruses and parasites) was evaluated. At least one enteropathogen was identified in 77.1 % of puppies and 24.8 % of puppies presented abnormal feces. The two main factors impacting feces quality were fecal excretion of CPV2 (increased risk of weaning diarrhea) and the number of meals per day (more than 3 meals per day was decreasing the risk of weaning diarrhea). Not only a targeted sanitary and medical prophylaxis against CPV2 but also an appropriate food distribution should be implemented to decrease risk of weaning diarrhea.

Etude 2B :
Effet de l'âge et des parasites digestifs sur les concentrations en calprotectine fécale

Les troubles digestifs comme nous l'avons vu dans l'étude précédente sont fréquents chez le chiot. La qualité des selles peut être influencée par des facteurs infectieux et non infectieux comme nous l'avons précédemment démontré. De plus la seule mise en évidence d'un pathogène n'est pas suffisante pour entrainer des troubles digestifs. L'utilisation de marqueurs non invasifs, comme la calprotectine, permettant d'évaluer l'état de la muqueuse intestinale serait donc d'une aide précieuse dans la gestion des troubles digestifs en collectivité. **L'objectif de cette étude fut donc d'évaluer l'effet de l'âge et des parasites digestifs sur la concentration en calprotectine fécale chez le chiot** (Figure 32).

455 chiots entre 4 et 10 semaines furent inclus dans cette étude. Pour chaque chiot, les principaux parasites digestifs furent recherchés, et la concentration en calprotectine fécale fut mesurée sur des selles fraichement émises. 544 selles furent prélevées. 59 % des selles furent infestées par au moins un parasite digestif. La concentration fécale en calprotectine fut significativement associée à l'âge ($P < 0,001$) et à l'infestation parasitaire ($P < 0,001$) avec une interaction significative entre l'âge et l'infestation parasitaire ($P = 0,04$). Une concentration en calprotectine fécale significativement plus élevée fut observée chez les chiots de 4-6 semaines par rapport à des chiots plus âgés entre 7-8 semaines ($P=0,021$) ou 9-10 semaines ($P = 0,004$). Aucune différence ne fut observée chez les chiots entre 7-8 et 9-10 semaines d'âge. Les chiots de 7-8 semaines infectés uniquement par *G. duodenalis* présentèrent une concentration en calprotectine fécale significativement plus basse que les chiots sans parasite ($P = 0,021$).

Cette étude démontre un effet de l'âge sur la concentration fécale en calprotectine, ce qui est en accord avec les résultats décrits en médecine humaine[187,188]. Un effet de certains parasites digestifs sur la concentration en calprotectine fécale a également été démontré. Les chiots infestés par *Giardia duodenalis* présentèrent une concentration en calprotectine fécale significativement plus basse que les chiots non parasités. Ce résultat obtenu, à l'encontre de ce qui était attendu, soulève de nombreuses questions sur l'interaction parasite – muqueuse digestive.

Ces résultats soulignent la nécessité de prendre en compte l'effet de l'âge lors de la mesure de la concentration en calprotectine fécale chez le chiot.

Figure 32: Effet de l'âge et des parasites digestifs sur la concentration en calprotectine fécale : schéma systémique

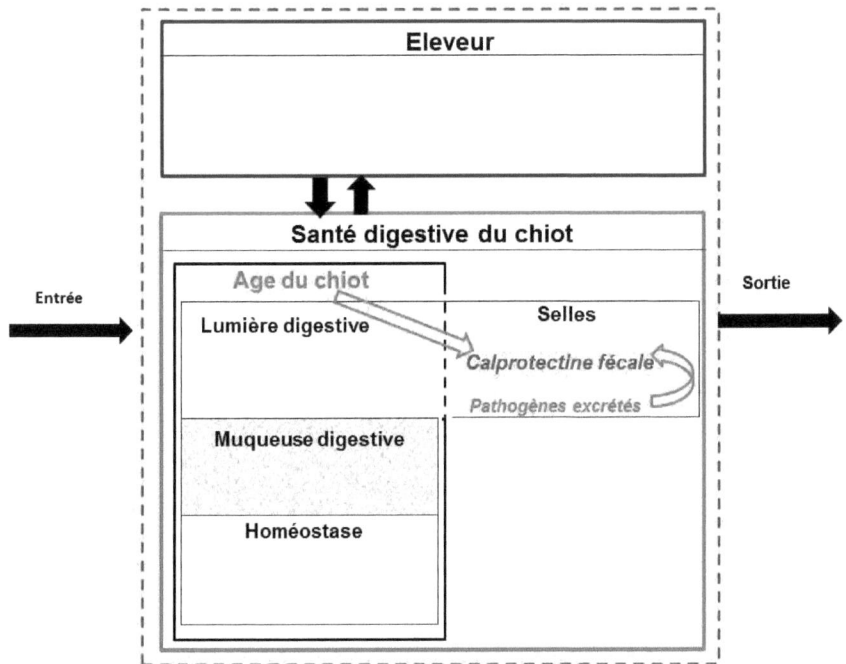

Partie 3 :
Prévalence et facteurs de risque d'infection des chiots par l'astrovirus

Nos études précédentes nous ont permis de mettre en évidence une forte prévalence des parasites et virus intestinaux chez le chiot en périsevrage. Nos recherches se sont attachées dans un premier temps à caractériser des parasites et virus classiquement décrits chez le chien (*G. duodenalis*, *I canis*, *I. ohioensis* complex, *Toxocara canis*, parvovirus canin et coronavirus canin). Cependant récemment différents virus ont été isolés chez des chiots souffrant de troubles digestifs, c'est le cas notemment de l'astrovirus[189-193], du norovirus[194-197], de *Pentatrichomonas hominis*[198] et *Tritrichomonas fœtus*[198]. Aucune étude n'a cependant évalué la prévalence de ces agents infectieux chez le chiot **L'objectif de cette dernière partie fut donc d'évaluer la prévalence de l'astrovirus chez le chiot en périsevrage ainsi que les facteurs de risque d'infection par ce virus** (Figure 33).

Pour cela 316 chiots entre 5 et 14 semaines furent inclus dans cette étude. Pour chaque chiot, la qualité des selles fut évaluée comme précédemment décrit et les caractéristiques de l'animal (âge, race, sexe, origine du chiot) furent collectées. L'astrovirus fut identifié chez 20,9 % des chiots. Un effet de l'âge sur le risque d'infection par l'astrovirus fut mis en évidence avec un risque d'infection plus élevé sur les chiots de moins de 7 semaines par rapport à des chiots entre 8 et 14 semaines. La taille des élevages fut également un facteur influençant la prévalence de ce virus. Ainsi une prévalence plus élevée fut démontrée dans les élevages produisant plus de 30 chiots par an. Aucune différence de prévalence ne fut mise en évidence entre les chiots présentant des selles anormales ou normales.

Figure 33: Prévalence et facteurs de risque d'infection des chiots par l'astrovirus: schéma systémique

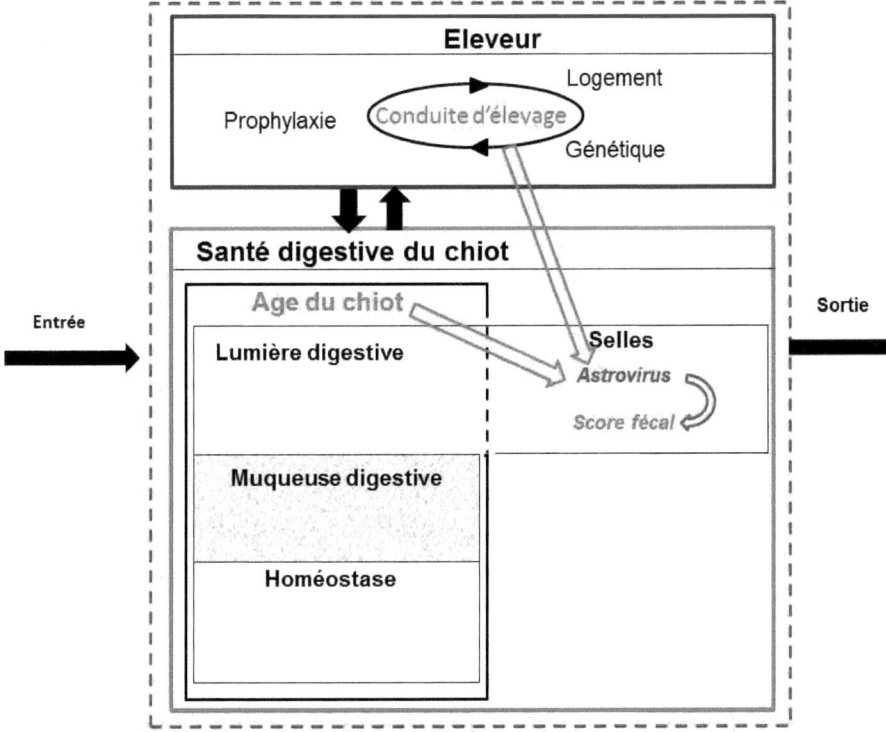

Article publié dans la revue *Journal of Veterinary Microbiology*

Grellet A. De Battisti C, Feugier A, Pantile M, Grandjean D, Marciano S, Cattoli G.
Prevalence and risk factors of astrovirus infection in puppies from French breeding kennels.
Journal of Veterinary Microbiology, 2012, 157: 214-219

Aiming at determining the prevalence and the risk factors associated to astrovirus infection in puppy, fecal samples were collected in 316 puppies (age from 5 to 14 week of age) from 33 French breeding kennels. Data were registered for each puppy, including age, breed, gender, origin of the dog, and feces quality. The samples were tested by specific RT-PCR for the presence of canine astrovirus. Astroviruses were identified in 20.9 % (66/316) of the puppies and in 42 % (14/33) of the breeding kennels. Young puppies (i.e. < 7 weeks of age) and puppies from large breeding kennels were more likely to be infected by the astrovirus. No association between the quality of feces and astrovirus infection could be determined in this survey.

Discussion générale

1. Influence de l'âge sur les marqueurs de la santé digestive et les pathogènes intestinaux

Des chiots entre 4 et 14 semaines furent inclus dans nos différentes études. Aucun chiot de moins de 4 semaines n'a pu être inclus du fait de l'impossibilité de collecter des selles sur des animaux plus jeunes (selles léchées par la mère et volume émis très faible). Aucun chiot de plus de 14 semaines ne fut inclus dans les différentes études. En effet l'objectif premier fut de déterminer les facteurs de risque des diarrhées de sevrage en condition d'élevage. La vente des chiots en France se faisant à partir de l'âge de 8 semaines (âge minimum légal de la vente) et le sevrage se faisant progressivement avant cette date, nous sommes donc attachés à évaluer la santé digestive des chiots durant cette période de 4 semaines (début de la consommation d'aliments solides par le chiot) à 14 semaines (départ du chiot de l'élevage).

Les différentes études menées ont montré un effet important de l'âge sur la qualité des selles, les concentrations en calprotectine fécale et les risques d'infection par les virus et parasites digestifs. Une amélioration de la qualité des selles avec l'âge fut observée chez les chiots de petite race. Le premier objectif fut donc de déterminer de manière objective à quel moment nous devions parler de selles anormales/pathologiques. Pour cela nous avons utilisé un paramètre zootechnique objectif : le gain moyen quotidien. Ce paramètre nous a ainsi permis de définir les selles ayant un impact sur la croissance de l'animal. Cette échelle nous a ainsi servi d'outil clinique pour concentrer nos recherches sur les facteurs infectieux ou zootechniques impactant la qualité des selles en s'affranchissant de cet effet physiologique de l'âge et de la taille.

L'âge de l'animal a eu également une influence majeure sur les concentrations en calprotectine fécale. Ces concentrations fécales plus élevées chez les très jeunes chiots entre 4 et 6 semaines pourraient être physiologiques. En effet, cet effet fut observé sur des chiots non parasités. Les principaux virus digestifs (parvovirus et coronavirus) étant excrétés comme nous l'avons vu plus tardivement, l'impact de ces virus sur les concentrations en calprotectine fécale serait peu probable. Ceci n'a cependant pas été étudié et mériterait d'être vérifié. Enfin certains virus ou parasites non communément recherchés (astrovirus, *Cryptosporidium parvum*), mais présents chez le chiot comme nous l'avons vu, pourraient avoir impacté les valeurs de calprotectine fécale sur des chiots apparemment non infectés. Cet effet de l'âge souligne la nécessité de tenir compte de ce paramètre sous peine d'interpréter de manière erronée les résultats obtenus. Dans une étude préliminaire (abstract ECVIM 2010) une association significative fut observée entre la présence de coccidies et des valeurs élevées en calprotectine fécale. Cependant comme nous l'avons vu dans l'étude épidémiologique les coccidies sont plus fréquemment observées sur les jeunes animaux. **De manière à étudier plus précisément les variations de concentration fécale en calprotectine lors d'infestations parasitaires il semblerait donc intéressant de mener des études (1) longitudinales, (2) en débutant l'étude sur des animaux très jeunes (moins de 4 semaines), (3) et en tenant compte des principaux virus et parasites digestifs identifiés au préalable dans l'élevage. L'impact du parvovirus sur les concentrations en calprotectine fécale serait également intéressant à évaluer.** En effet ce virus entrainant une nécrose de la muqueuse intestinale, une augmentation de la calprotectine fécale pourrait être observée. Il serait donc intéressant de mener des études sur des chiots souffrant de parvovirose et de comparer leurs concentrations en calprotectine fécales aux concentrations en calprotectine issues d'animaux sains ou sur des chiots excrétant le virus mais sans signe clinique.

Les risques d'infection par les différents agents infectieux furent également influencés par l'âge des chiots. Cette influence de l'âge peut être le reflet de variations dans les défenses immunitaires. Ainsi une prévalence plus élevée du parvovirus fut notée chez les chiots entre 5 et 8 semaines par rapport à des chiots plus âgés (9 et 14 semaines). Cette prévalence plus élevée peut correspondre à la période sensible. Les chiots passent en effet par une période sensible au cours de laquelle le taux d'anticorps d'origine maternel est insuffisant pour assurer une protection colostrale mais trop élevé pour permettre le développement d'une réponse immunitaire suite à la vaccination. Cette fenêtre de sensibilité se situerait entre 40 et 69 jours[199].

2. Pathogènes intestinaux et troubles digestifs

Différents virus (parvovirus, coronavirus) et parasites (*T. canis, G. duodenalis, I. canis, I. ohioensis* complex) ont été recherchés et étudiés chez plus de 600 chiots issus de 30 élevages canins français. Le parvovirus ressort dans nos différentes études comme le principal agent responsable des troubles digestifs chez le chiot. Cette partie a pour but de proposer une approche pratique de gestion des élevages atteints par ce virus. D'autres agents pourraient émerger et entrainer également des troubles digestifs sur des jeunes chiots. Une deuxième partie s'attachera à présenter les agents parasitaires et viraux récemment décrits.

2.1 Impact du parvovirus en élevage canin

2.1.1 Impact du parvovirus sur la qualité des selles et le gain moyen quotidien

Nos différentes études convergent vers un effet significatif du parvovirus sur la qualité des selles. En effet l'étude épidémiologique, comme l'étude sur l'échelle de score fécal, démontre une dégradation de la qualité des selles chez les chiots infectés par ce parasite. Le parvovirus est bien décrit comme agent responsable de gastroentérite sévère avec répercussion sur l'état général de l'animal. Dans nos études, les chiots inclus ne présentaient pas d'abattement, de prostration ou d'anorexie. De plus, aucun éleveur ne nous a remonté l'apparition de signes cliniques typiques de parvovirose sur les chiots inclus après notre passage dans les élevages. Ces résultats démontrent que **le parvovirus interviendrait comme l'agent principal lors de diarrhées de sevrage chez le chiot en condition d'élevage** (dégradation de la qualité des selles sans répercussion sur l'état général de l'animal).

8 % (24/301) des chiots de l'étude épidémiologique présentent des charges élevées de parvovirus dans les selles ($>10^{10.3}$ copies/écouvillons rectaux) sans troubles digestif. Ce résultat démontre que **certains chiots peuvent excréter des charges importantes de virus sans répercussion sur leur état général, ni sur la qualité de leurs selles.** Ce résultat soulève de multiples questions. Est-ce que ces charges excrétées par les chiots proviennent de la vaccination ? S'agit-il de chiots porteurs sains d'une souche sauvage de parvovirus ? Pourquoi ces chiots ne développent pas de signes cliniques malgré des charges importantes de virus excrétées ? L'effet de la vaccination sur les charges virales excrétées pourrait être étudié en réalisant un suivi longitudinal de chiots provenant d'élevages indemnes. Une évaluation des charges virales excrétées avant et après vaccination pourrait ainsi être objectivée. Cette absence de signes cliniques sur des chiots excrétant des charges importantes de virus pourrait être le résultat d'une protection intestinale optimale et notamment d'un effet des IgA fécales. **Une étude est actuellement en cours pour évaluer la relation entre l'excrétion de parvovirus et l'excrétion d'IgA dans les selles.** Cette étude est menée sur les chiots inclus dans l'étude épidémiologique mais également sur les chiots ayant participé à la validation de l'échelle de score fécal.

Une prévalence plus élevée du parvovirus fut notée chez les chiots dans les élevages de taille moyenne à grande. Ceci peut être expliqué par la facilité de transmission du virus entre animaux dans les collectivités de grande taille et la difficulté pour éradiquer le virus face à sa résistance dans l'environnement. **Nos résultats soulignent donc la nécessité de maintenir voire d'améliorer la prophylaxie sanitaire et médicale dans les collectivités canines.**

2.1.2 Gestion de la circulation du parvovirus en élevage

2.1.2.1 Facteurs influençant l'apparition d'une maladie

D'une manière générale, l'apparition d'une maladie est déterminée par une interaction entre trois paramètres : l'environnement, l'hôte et l'agent infectieux (Figure 34)[200].

Ceci fournit donc trois cibles pour des programmes de prévention pour le parvovirus en collectivité canine (Figure 35) :
- 1- Environnement : Eviter la propagation de la maladie dans l'élevage
- 2- Hôte : Soutenir la réponse immunitaire de l'hôte
- 3- Agent : Développer des procédures de contrôle adaptées à l'agent pathogène incriminé en fonction des connaissances du cycle de vie de cet agent.

Figure 34 : Facteurs intervenant dans l'apparition d'une maladie en collectivité[200]

Facteurs environnementaux
- Densité de population
- Nettoyage / désinfection
- Identification de la maladie
- Sectorisation / marche en avant
- Qualité de l'air et de la ventilation
- Température / humidité
- Contrôle du bruit
- Cycle lumineux

Facteurs liés à l'hôte
- Stress
- Age
- Immunité
  - Exposition naturelle
  - Vaccination
  - Anticorps maternels
- Génétiques
- Statut nutritionnel
- Statut physiologique (exemple gestation)
- Maladie concomitante
- Parasites externes ou internes
- Traitements médicamenteux

Facteurs liés à l'agent
- Virulence
- Différence de souches
- Dose
- Mode de dissémination
- Mode de contamination
- Temps d'incubation et d'excrétion
- Présence de porteurs latents

2.1.2.2 La prophylaxie hygiénique

- **Le nettoyage et la désinfection**

Le nettoyage et la désinfection sont des éléments clés, mais trop souvent négligés, dans les collectivités canines pour limiter la propagation du parvovirus. Il est important de bien discerner ces deux étapes. Le nettoyage est une opération qui consiste à désincruster, par un effet chimique ou/et mécanique (brossage, haute pression), les matières organiques des supports auxquels elles adhèrent. En élevage, la grande majorité des souillures à éliminer sont de nature organique, donc acide. C'est la raison pour laquelle il est souvent conseillé d'utiliser un détergent alcalin validé dans les locaux d'élevage 6 jours sur 7 et de recourir à un détergent acide une fois par semaine pour éliminer des supports les souillures minérales (calcaire). La désinfection des surfaces ne se fera qu'après un nettoyage préalable. En effet « on ne désinfecte bien que des surfaces propres », c'est-à-dire celles qui ont été préalablement nettoyées (par un détergent) et rincées car la plupart des désinfectants sont inactivés par la présence de matières organiques (Tableau 7).

Tableau 7 : Caractéristiques des principaux désinfectants[200]

Désinfectant	Avantages	Inconvénients
Ammonium quaternaires	<ul><li>Certaine activité détergente</li><li>Modérément inactivé par les matières organiques</li><li>Faible toxicité tissulaire</li><li>Peu coûteux</li></ul>	<ul><li>Pas d'efficacité contre les virus non enveloppés</li><li>Inactivé par les détergents</li></ul>
Hypochlorite de sodium (eau de javel)	<ul><li>Inactivation complète des virus non enveloppés lors d'une utilisation correcte</li><li>Faible toxicité tissulaire</li><li>Peu couteux</li><li>Peut être combiné avec des ammonium quaternaires</li></ul>	<ul><li>Inactivée par les matières organiques</li><li>Pas d'activité détergente</li><li>Corrosion du métal</li><li>Réduction de l'activité par les eaux dures</li></ul>
Peroxymonosulfate de potassium (Virkon ND)	<ul><li>Inactivation complète des virus non enveloppés lors d'une utilisation correcte</li><li>Faible toxicité tissulaire</li><li>Certaine activité détergente</li><li>Moins corrosif pour le métal que l'eau de javel</li><li>Relativement bonne activité en présence de matière organique</li></ul>	<ul><li>Laisses des résidus sur certaines surfaces</li><li>Plus coûteux que l'eau de javel</li></ul>
Chlorhexidine	<ul><li>Très faible toxicité tissulaire</li></ul>	<ul><li>Relativement coûteux</li><li>Non efficace sur les virus non enveloppés</li></ul>

Lors d'épizootie de parvovirose, tous les outils et objets amovibles pourront être désinfectés par trempage dans des désinfectants agréés pour le contact alimentaire (crésol 3%, chlorure de chaux 2 à 3%, chloramine à 2 à 3% = sulfamino-chlorate de sodium). Des outils propres à chaque secteur de l'élevage seront également recommandés de manière à limiter les risques de circulation de virus résistant tel le parvovirus canin via le matériel.

- **La sectorisation**

La séparation en sous population est un point essentiel dans le maintien de la santé des animaux. Cette sectorisation tiendra compte :
-Du statut physiologique (femelle gestante /chiot, adulte)
-Du statut infectieux (statut inconnu, animal sain, animal infecté)
-Du statut clinique (animal malade, animal sain).
Concrètement la sectorisation consistera à séparer les individus les plus sensibles (femelles en fin de gestation et chiots) des individus les plus à risque (adultes à l'entretien et individus malades ou convalescents) via la mise en place d'une nurserie ou d'une maternité dans les élevages. Cette sectorisation permettra de limiter l'exposition des chiots à des sources potentielles de virus. En effet les adultes plus résistants et correctement vaccinés peuvent excréter des charges virales non négligeables et ainsi contaminer les chiots individus plus sensibles. Parallèlement à ceci, les animaux malades devront immédiatement être isolés dans l'infirmerie de l'élevage, seul local légalement obligatoire, ou du refuge. Enfin une quarantaine devra être présente pour les chiens nouvellement introduits.

- **La marche en avant**

La marche en avant est un principe complémentaire de la sectorisation qui consiste à faire appliquer au personnel un circuit en sens unique, des zones les plus sensibles (maternité et nurserie en élevage) aux secteurs les plus à risque (infirmerie, locaux d'adultes). Ce sens de circulation devra également être appliqué lors de la visite de l'élevage.

Une attention particulière devra également être portée sur la gestion des animaux de manière à limiter la circulation du virus dans l'élevage. Pour cela, il sera intéressant voire nécessaire :
-d'isoler les animaux cliniquement atteints
-de réaliser une quarantaine (15 jours) avant toute introduction d'un nouvel animal
-de toiletter les chiennes avant leur entrée en maternité
-de toiletter les chiots avant leur départ.

2.1.2.3   La prophylaxie médicale : la vaccination

La vaccination est un des piliers du programme de prophylaxie en collectivité. Au-delà de la qualité du médicament utilisé, la réponse vaccinale dépend de l'organisme receveur et de son environnement. La vaccination ne doit pas être utilisée pour pallier une déficience de la collectivité (en particulier surpopulation, alimentation inadaptée, défaut de conception des bâtiments ou de sectorisation, non-respect de la marche en avant, anomalie du protocole de nettoyage/désinfection ou du protocole antiparasitaire). La vaccination a plusieurs objectifs. Au niveau d'une population, elle permet de diminuer l'incidence des maladies infectieuses ciblées et ainsi de contrôler la maladie. Au plan individuel, elle permet de limiter ou d'annuler les symptômes, et dans certains cas, de diminuer l'excrétion microbienne en cas d'infection.

Suite à l'émergence du parvovirus, différentes études ont démontré l'interférence des anticorps maternels sur le protocole de vaccination des chiots durant les premières semaines de vie[201,202]. Chez le chiot, les anticorps d'origine maternelle proviennent pour 90 % du colostrum[199]. Cette concentration en anticorps d'origine maternelle joue un rôle important chez le chiot. Ainsi un titre d'inhibition de l'hémagglutination (HI) $\geq$ 1 :20 peut interférer avec la réponse vaccinale, sans néanmoins assurer une protection contre une infection par le parvovirus. Au contraire des titres d'HI $\geq$ 1 :64 sont considérés comme protecteurs contre l'infection et la maladie[199]. Les chiots passent donc par une période sensible au cours de laquelle le taux d'anticorps d'origine maternelle est insuffisant pour assurer une protection colostrale mais trop élevé pour permettre le développement d'une réponse immunitaire suite à la vaccination. Cette fenêtre de sensibilité se situerait entre 40 et 69 jours[199]. Cette période sensible varie cependant en fonction de l'exposition de l'animal selon la charge en virus sauvage dans l'environnement. Ainsi l'exposition à des virus sauvages augmente la vitesse de décroissance des anticorps d'origine maternel présent chez le chiot[203]. L'utilisation de vaccins surtitrés sur des chiots de 4 semaines permettrait d'assurer une réponse vaccinale chez 80 % des individus[199]. Certains chiots vaccinés durant cette période sensible peuvent développer une parvovirose entrainant une incompréhension de l'éleveur qui associe l'apparition de la parvovirose à la vaccination. Il a cependant été montré que ces épisodes de parvovirose peu de temps après la vaccination ne résultent pas d'un retour à la virulence des souches vaccinales mais d'une contamination des animaux par une souche sauvage[204]. Ces animaux infectés durant leur période sensible développent alors une parvovirose.

Figure 35 : Etapes conseillées pour la gestion de la parvovirose en élevage canin

- 1ère étape : Suspecter

    o Signes cliniques
        - Gastroentérite sur des chiots entre 4 et 12 semaines
        - Mort subite
    o Réalisation d'autopsie

- 2ème étape : Confirmer

    o PCR
    o Tests rapides
    o Histologie (si chiot autopsié peu de temps après la mort)

- 3ème étape : Visite de l'élevage

- 4ème étape : Mise en place de mesures de lutte

    o Prophylaxie sanitaire
        - Sectorisation
            - Mise en place d'une maternité
            - Isolement des chiens malades en infirmerie
            - Quarantaine pour les chiens entrant
        - Marche en avant
        - Nettoyage des chiennes avant l'entrée en maternité
        - Nettoyage des chiots avant leur départ

    o Prophylaxie médicale
        - Expliquer la notion de période critique à l'éleveur
        - Réadapter le protocole vaccinal
            - Débuter la vaccination 7 à 10 jours avant la période critique
            - Utilisation d'un vaccin monovalent surtitré

    o Lutter contre les causes prédisposantes
        - Coproscopies collectives avec réajustement du traitement antiparasitaire si nécessaire
        - PCR quantitative coronavirus

2.2 Les virus et parasites « émergents »

2.2.1 L'astrovirus et le norovirus

L'objectif de ce travail fut également d'évaluer la présence chez les chiens de pathogènes intestinaux encore peu décrits chez le chien. Le premier agent que nous avons recherché fut l'astrovirus. Bien que décrit chez le chien[189-193], aucune étude n'avait évalué la prévalence de ce virus chez le chiot. 20,9 % des chiots inclus dans notre étude se sont révélés infectés par ce virus. Comme les autres entéropathogènes digestifs, un effet de l'âge et de la taille de l'élevage fut mis en évidence avec une prévalence plus élevée chez les jeunes chiots et les chiots vivant dans des collectivités de taille importante (élevages produisant plus de 30 chiots par an). Aucune association ne fut notée entre la présence de ce virus et la qualité des selles. **Un suivi longitudinal des chiots dans un élevage infecté permettrait de mieux comprendre et d'évaluer l'effet de l'astrovirus sur la qualité des selles.** Le parvovirus ayant comme nous l'avons vu un impact important sur le score fécal, la relation entre l'astrovirus et la qualité des selles ne devrait pas se faire sans évaluer parallèlement l'excrétion du parvovirus. D'autres virus, comme le norovirus, ont également été identifiés chez le chien[194-197]. Bien qu'une association fut notée entre la présence de ce virus et des troubles digestifs[195], l'implication de ce virus dans les troubles digestifs reste à confirmer. En effet, la majorité des études ont recherché ce virus sans tenir compte d'une possible co-infection.

2.2.2 Le coronavirus pantropique

Le coronavirus canin (CCV) ne fut pas démontré comme agent responsable de trouble digestif chez le chiot aussi bien lors de notre étude sur la validation de l'échelle de score fécale que lors de l'évaluation des facteurs de risque des diarrhées de sevrage chez le chiot. L'implication du coronavirus lors de diarrhées aigües reste controversée[205,206]. Ces variations des signes cliniques observés peuvent être liées aux différentes souches de coronavirus[207-209].

En 2005, une souche de coronavirus de type II hautement virulente (souche CB/05) a été reporté en Italie, causant la mort en 2 jours de chiots âgés de 1.5 mois. Ces chiots présentaient de l'hyperthermie (39.5-40°C), un abattement, une anorexie, des vomissements, une diarrhée hémorragique ainsi que des signes neurologiques (ataxie, crises convulsives)[210]. Ce virus fut isolé au niveau de différents organes (poumons, rate, foie, rein et cerveau).

L'inoculation de cette souche CB/05 sur des chiots séronégatifs reproduit les signes cliniques observés lors d'une infection naturelle (pyrexie, anorexie, dépression, vomissement, diarrhée et leucopénie)[211]. Une évolution clinique variable fut observée en fonction de l'âge des chiots. Les chiots de 6 mois d'âge récupèrent lentement de la maladie, alors que deux des trois chiens de 2,5 mois furent sacrifiés du fait de la sévérité des signes cliniques[211]. Cette souche hypervirulente a la capacité d'infecter et d'induire des signes cliniques chez des chiots séropositifs pour le coronavirus entéritique[212].

2.2.3 Les trichomonadidés

Depuis 1932 la présence de trichomonadidés fut observée dans des selles de chiens sains ou souffrants de troubles digestifs[213-215]. Plus récemment une étude épidémiologique rapporte une prévalence de 5% des trichomonadidés chez le chien[216]. Le développement des PCR (polymerase chain reaction) a permis de mettre en évidence des infections par *Tritrichomonas fœtus* et *Pentatrichomonas hominis* chez le chien[198,217]. Deux études récentes suggèrent une prévalence plus importante de *P. hominis* que *T. fœtus* dans la population canine[218,219].

La présence de trichomonadidés fut recherchée sur 239 chiots issus de 25 élevage canins.Cette recherche a été réalisée en utilisant dans un premier temps'utilisation de kit développé pour la recherche de *T. fœtus* chez le chat et le bovin (In Pouch TF, Biomed diagnostics Oregon USA) (abstract ICOPA 2010). Des trichomonadidés furent isolés chez 17 % des chiots et dans 20 % des élevages. 31.8 % des chiots (76/239) présentaient des troubles digestifs. Les chiots infectés par des trichomonadidés présentaient significativement plus de troubles digestifs que les chiots non infectés (10.8 % vs 30.6 %; p < 0,001). Une analyse PCR a permis d'identifié *Pentatrichomonas hominis* pour l'ensemble des prélèvements testés. Les milieux In Pouch utilisés étaient décrits comme spécifiques de *T. fœtus*. Ces résultats obtenus soulignent le manque de sensibilité des milieux In Pouch pour l'identification de T. fœtus et la nécessité de réaliser des techniques plus spécifiques comme la PCR pour définir précisément le type de trichomonadidé. Une association forte entre *P. hominis* et le parvovirus fut notée. D'autres études sont donc nécessaires pour confirmer ou non l'impact des trichomonadidés sur la qualité des selles.

2.3. Influence de la flore digestive

Aucune bactériologie fécale « classique » ne fut réalisée. Ceci fut un choix volontaire car différentes études ont été menées pour tenter d'identifier une relation entre certains types de bactéries et des troubles digestifs chez le chien. Mais ces études ne présentent pas de résultats concluants, la majorité des bactéries ayant un impact sur la qualité des selles étant également isolées chez des chiens sains[184,220]. De nouvelles techniques d'analyse de la flore digestive ont vu le jour ces dernières années avec des analyses du microbiota intestinal[221-223]. Des études faisant appel à ces techniques sont actuellement en cours sur des chiens présentant des entéropathies chroniques ont été menées et sont actuellement en cours d'analyse.

Conclusion

L'ensemble de ces etudes ont démontré l'influence de paramètres zootechniques et infectieux sur la qualité des selles chez le chiot. Ces résultats soulignent l'importance de la formation continue des professionnels du monde de l'élevage de manière à diminuer la prévalence des troubles digestifs en collectivité.

Ce travail montre la nécessité d'avoir une approche globale pour aborder la santé digestive du chiot. En effet des paramètres physiologiques comme l'âge et la race impactent la qualité des selles. Parallèlement à ceci, différents pathogènes intestinaux peuvent être responsables d'une dégradation du score fécal. Cependant la seule présence de ces agents n'est pas systématiquement associée à l'apparition de troubles digestifs. Les futurs travaux ne devront donc pas seulement se focaliser sur la mise en évidence des différents agents infectieux mais au contraire avoir une approche plus globale tenant compte de l'intéraction hote – pathogène. Une intéraction entre pathogènes n'est pas à exclure. Le développement de marqueurs non invasifs et de techniques de plus en plus sensibles et spécifiques devraient dans les années à venir aider à mieux apréhender cette problématique de la santé digestive chez le chiot.

Publications

Article 1 :
VALIDATION OF A FECAL SCORING SCALE IN PUPPIES DURING THE WEANING PERIOD.
A. Grellet, A. Feugier, S. Chastant, B. Carrez, C. Boucraut-Baralon, G. Casseleux, D.Grandjean.
Preventive Veterinary Medecine 2012,

Article 2 :
FECAL CALPROTECTIN CONCENTRATIONS IN DOGS WITH AND WITHOUT CHRONIC ENTEROPATHIES: A PROSCPECTIVE STUDY IN ADULT DOGS
A. Grellet, R.M. Heilmann, P. Lecoindre, A. Feugier, M.J. Day, D. Peeters, V. Freiche, J. Hernandez, D. Grandjean, J.S. Suchodolski, J.M. Steiner.
Soumis à la revue *American Journal of Veterinary research* Mai 2012

Article 3 :
RISK FACTORS OF WEANING DIARRHEA IN PUPPIES FROM FRENCH BREEDING KENNELS
A. Grellet, C. Robin, A. Feugier, C. Boogaerts, C. Boucraut-Baralon, D. Grandjean, B. Polack
Soumis à la revue *American Journal of Veterinary research* Juillet 2012

Article 4:
EFFECT OF AGE AND INTESTINAL PARASITES ON FECAL CALPROTECTIN CONCENTRATIONS IN PUPPY BETWEEN 4 TO 10 WEEKS OF AGE
A.Grellet; R. Heilmann, S. Chastant; A. Feugier; B. Carrez, B. Polack, D. Grandjean, J. Suchodolski, J. Steiner.
Soumission à la revue *Veterinary research* Juillet 2012

Article 5 :
PREVALENCE AND RISK FACTORS OF ASTROVIRUS INFECTION IN PUPPIES FROM FRENCH BREEDING KENNELS
A. Grellet, C. De Battisti, A. Feugier, M. Pantile, S. Marciano, D. Grandjean, G. Cattoli
Journal of Veterinary Microbiology 2012, 157 : 214-219

Présentations Internationales

Ce travail a fait l'objet de 9 présentations orales

PREVALENCE AND RISK FACTORS OF TRICHOMONADS INFECTION IN PUPPIES FROM FRENCH BREEDING KENNELS
A.Grellet, C. Robin, D. Meloni, A. Cian, E. Viscogliosi, B. Polack
Soumis pour communication orale lors du congrès de l'european multicolloquium of parasitology (EMOP) 2012.

RISK FACTORS OF PENTATRICHOMONAS HOMINIS INFECTION IN PUPPIES FROM A LARGE BREEDING KENNEL AND IMPACT ON FECES QUALITY
A.Grellet, L. Diallo, B. Carrez, D. Meloni, A. Cian, E. Viscogliosi, B. Polack
Soumis pour communication orale lors du congrès de l'european multicolloquium of parasitology (EMOP) 2012.

CHARACTERIZATION OF FECAL SYSBIOSIS IN DOGS WITH CHRONIC ENTEROPATHIES AND ACUTE HEMORRHAGIC DIARRHEA.
ME Markel, N Berghoff, S Unterer, L Barros, **A Grellet**, K Allenspach, L Toresson, J Barr, RM Heilmann, JF Garcia-Mazcorro, JM Steiner, N Luckschander-Zeller, JS Suchodolski.
Accepté pour communication lors du congrès de l'*American Congress of Veterinary Internal Medecine* (ACVIM), 2012.

FECAL S100A12 CONCENTRATIONS ARE INCREASED IN DOGS WITH INFLAMMATORY BOWEL DISEASE.
RM Heilmann, **A Grellet**, K Allenspach, P Lecoindre, MJ Day, F Procoli, N Grützner, JS Suchodolski, JM Steiner.
Accepté pour communication lors du congrès de l'American Congress of Veterinary Internal Medecine (ACVIM), 2012.

FACTEURS PHYSIOLOGIQUES ET PATHOLOGIQUES INFLUENCANT LES VALEURS DE CALPROTECTINE FECALES CHEZ LE CHIOT.
Grellet A, Feugier A, Grandjean D, Read S, Heilmann RM, Steiner J.
Congrès annuel du Groupe d'Etude en Médecine Interne (GEMI). Toulouse (France) 2011.

FECAL CALPROTECTIN CONCENTRATION IN ADULTS DOGS WITH AND WITHOUT DIGESTIVE TROUBLES
Grellet A, Heilmann RM, Feugier A, Lecoindre P, Hernandez J, Freiche V, Peeters D, Suchodolski JS, Grandjean D, Steiner JM.
European congress of veterinary Internal medecine (ECVIM) Congress. Sevilla (Spain) 2011.
Journal of Veterinary Internal Medicine, 2011, Volume 25, Issue 6, 1486-1487

PREVALENCE DES PARASITES DIGESTIFS CHEZ LE CHIOT DANS LES ELEVAGES CANINS FRANÇAIS : ETUDE SUR 316 CAS.
Grellet A, Boogaerts C, Bickel T, Casseleux G, Robin C, Polack B, Biourge V, Grandjean D.
Congrès annuel de l'Association Française des Vétérinaires pour animaux de compagnie (AFVAC), Paris, France 2010.

EVALUATION OF CANINE CALPROTECTIN IN FECES FROM A LARGE GROUP OF PUPPIES
Grellet A, Heilmann RM, Suchodolski JS, Feugier A, Casseleux G, Biourge V, Bickel T, Polack B, Grandjean D, Steiner JM.
ECVIM Congress. Toulouse (France) 2010. Journal of Veterinary Internal Medicine, 2010, Volume 24, Issue 6, 1553-1554

PREVALENCE OF TRITRICHOMONAS FOETUS IN PUPPIES FROM FRENCH BREEDING KENNELS
Grellet A, , Bickel T, Polack B, Boogaerts C, Casseleux G, Biourge V, Grandjean D.
ECVIM Congress. Toulouse (France) 2010. Journal of Veterinary Internal Medicine, 2010, Volume 24, Issue 6, 1572

Et de 4 présentations affichées

DEVELOPMENT OF A NEW FECAL SCORING SYSTEM IN PUPPIES
Grellet A, Feugier A.
In proceeding of Toulouse ECVIM Congress. Toulouse (France) 2010 p235-236.

CALPROTECTIN EXCRETION IN PUPPIES WITH AND WITHOUT COCCIDIOSIS
Grellet A, Heilmann RM, Suchodolski JS, Feugier A, Casseleux G, Biourge V, Guillot J, Grandjean, Steiner JM, Polack B.
International Congress Of Parasitology (ICOPA) XII congress. Autralia, 2010.

TRITRICHOMONAS FOETUS INFECTION IN PUPPIES / PREVALENCE AND IMPACT ON WEANING DIARRHOEA
Grellet A, Feugier A, Boogaerts C, Casseleux G, Biourge V, Guillot J, Grandjean D, Polack B.
ICOPA XII, 2010 congress. Australia, 2010.

PREVALENCE AND PATHOGENICITY OF CANINE ENTERIC CORONAVIRUS IN PUPPIES FROM FRENCH BREEDING KENNELS
Grellet A, Boogaerts C, Boucraut-Baralon C, Casseleux G, Weber M, Biourge V, Grandjean D
In Proceeding of Voojaarsdagen Congress, Hollande 2010

Résumé des presentations orales

2012, Cluj-Napoca, Roumanie

Prevalence and risk factors of Trichomonads infection in puppies from french breeding kennels

A.Grellet[1], C. Robin[2], D. Meloni[3], A. Cian[3], E. Viscogliosi[3], B. Polack[2]

1-Royal Canin Research Center, 650 avenue de la Petite Camargue, Aimargues, 30 470, France.
2-Université Paris-Est, Ecole Nationale Vétérinaire d'Alfort, 7 avenue du général de Gaulle, 94704 Maisons-Alfort Cedex, France.
3-Institut Pasteur de Lille, Centre d'Infection et d'Immunité de Lille, Université Lille Nord de France, 1 rue du Professeur Calmette, 59019 Lille cedex, France.

Recently, *Pentatrichomonas hominis* (PH) and *Tritrichomonas foetus* (TF) have been identified in diarrheal stool of puppies. However prevalence of Trichomonads in this population of young dogs has never been described. The aim of this study was to estimate the prevalence and risk factors of Trichomonads infection in puppies from French breeding kennels.

215 puppies from 25 breeding kennels were included in the study. For each puppy a rectal swab was performed and inoculated in a commercially available system "In PouchTM TF test" (BioMed Diagnostics, Oregon USA). The pouches were incubated at room temperature. Cultured samples were evaluated by microscopic examination 2 days after incubation for the presence of motile trophozoïtes. Negative cultures were maintained for 15 days, and reevaluated every 2 days. Positive culture systems were frozen and single-tube PCR assays were performed in order to sequence and identify the Trichomonads observed. For each puppy faecal quality was scored using a 13-point numerical scale [1]. According to the expected mean adult body weight, puppies were divided into two groups: small and large breed dogs (breed with a mean adult body weight < 25 kg or > 25 kg). Kennels were also divided in two groups based on their size: small and large size kennels (i.e. kennels producing less than 30 puppies per year or more than 30 puppies per year).

A mean number of 9 puppies were sampled per kennel (range: 4–18). Trichomonads were isolated in 15.8 % of puppies (34/215) and 20 % of kennels (5/25). Their prevalence was influenced by kennel size ($P<0.001$) and breed size ($P<0.001$). A significantly higher prevalence was observed in large breeding kennels compared to small breeding kennels (34%

vs 2%). None of small breed puppies were infected by trichomonads. Dogs with abnormal feces presented a significantly higher prevalence of Trichomonads than dogs with normal feces (27% vs 12%; P=0.007). PCR assays performed on DNA extracted from the 34 positive cultures identified 23 dogs as infected with PH. Extracts of fecal DNA from the remaining 11 dogs were PCR negative for TF and PH.

These results show the presence of trichomonads is associated with large breed dogs, large size kennels, and diarrhoea. The high prevalence of dogs infected could be explained the age and origin of dogs (young puppies from kennels). The poor specificity of the medium to distinguish TF from PH require PCR for precise identification of species of Trichomonads.

[1] Grellet A *et al*. Prev. Med. Vet, 2012, accepted for publication

Risk factors of *Pentatrichomonas hominis* infection in puppies from a large breeding kennel and impact on feces quality

A.Grellet[1], L. Diallo[2], B. Carrez[2], D. Meloni[3], A. Cian[3], E. Viscogliosi[3], B. Polack[2]

1-Royal Canin Research Center, 650 avenue de la Petite Camargue, Aimargues, 30 470, France.
2-Université Paris-Est, Ecole Nationale Vétérinaire d'Alfort, 7 avenue du général de Gaulle, 94704 Maisons-Alfort Cedex, France.
3-Institut Pasteur de Lille, Centre d'Infection et d'Immunité de Lille, Université Lille Nord de France, 1 rue du Professeur Calmette, 59019 Lille cedex, France.

Recently, *Pentatrichomonas hominis* (PH) and *Tritrichomonas foetus* (TF) have been identified in diarrheal stool of puppies. Trichomonads were isolated in 15.8 % of puppies living in French breeding kennels with an influence of breed and kennel size [unpublished data]. The aim of this study was to evaluate effect of age and breed size on Trichomonads infection, and impact of this parasite on feces quality.

262 dogs (188 puppies and 74 dams) from a large French breeding kennel were included in the study. Puppies were followed between 4 and 10 weeks of age. Their dams were followed during the same period of time. After a spontaneous defecation, feces quality was scored. Presence of Trichomonads was evaluated using a commercially available system "In PouchTM TF test" (BioMed Diagnostics, Oregon USA) as already described [1]. Positive culture systems were frozen and single-tube PCR assays were performed for 9 positive samples in order to sequence and identify the Trichomonads observed. According to the expected mean adult body weight, puppies were divided into two groups: small and large breed dogs (breed with a mean adult body weight < 25 kg or > 25 kg).

427 sampled were collected (288 in puppies and 139 in dams). Prevalence of Trichomonads was influenced by age and breed size. A significantly higher prevalence was observed in puppies compared to their dams (34% (73/288) vs 11% (15/139); $P<0.001$). A higher prevalence of trichomonads was observed in large breed puppies compared to small breed puppies (48% (69/144) vs 3% (4/144); $P<0.001$). Puppies with abnormal feces did not present a significantly higher prevalence of Trichomonads than dogs with normal feces (32% (23/73) vs 27% (58/215); $P=0.457$). PCR assays performed on DNA extracted from 9 positive cultures identified PH.

These results show the poor specificity of the medium to distinguish TF from PH and the necessity to use PCR for precise identification of Trichomonads. All the dogs in this study lived in the same environment with contacts possible between them. So effects of age and breed size may be due to a sensibility of large breed dogs and young dogs to this parasite.

CHARACTERIZATION OF FECAL DYSBIOSIS IN DOGS WITH CHRONIC ENTEROPATHIES AND ACUTE HEMORRHAGIC DIARRHEA.

ME Markel[1], N Berghoff[1], S Unterer[2], L Barros[3], A Grellet[4], K Allenspach[5], L Toresson[6], J Barr[1], RM Heilmann[1], JF Garcia-Mazcorro[1], JM Steiner[1], N Luckschander-Zeller[7], JS Suchodolski[1].

1. Gastrointestinal Laboratory, Texas A&M University, College Station, TX, USA;
2. Ludwig-Maximilians University, Munich, Germany;
3. University of São Paulo, São Paulo, Brazil;
4. Royal Canin France, Alfort, France;
5. Royal Veterinary College, London, United Kingdom;
6. Helsingborg Referral Animal Hospital, Helsingborg, Sweden; 7. University of Veterinary Medicine, Vienna, Austria.

Recent 16S rRNA gene sequencing studies of the duodenal and fecal microbiota have revealed alterations in the abundance of specific bacterial groups in dogs with various gastrointestinal disorders (e.g., decreases in *Clostridium* clusters IV and XIVa with concurrent increases in Proteobacteria). The aim of this study was to validate the results of previous sequencing studies by measuring the abundance of selected bacterial groups using quantitative real-time polymerase chain reaction (qPCR) assays in healthy dogs, dogs with chronic enteropathies (CE), and dogs with acute hemorrhagic diarrhea (AHD).

Fecal samples were collected from healthy dogs (n=180), dogs with CE (n=87), and dogs with AHD (n=48). A qPCR panel targeting 11 bacterial groups was used for analysis of fecal microbiota at various phylogenetic levels (i.e., *Faecalibacterium* spp., *Turicibacter* spp., *Bifidobacterium* spp., *Lactobacillus* spp., *Streptococcus* spp., Ruminococcaceae, *C. perfringens*, *E. coli*, γ-Proteobacteria, Bacteroidetes, and Firmicutes). Differences in bacterial abundance among groups were evaluated using a Kruskal-Wallis test followed by a Dunn's post-test. Statistical significance was set at $p<0.05$.

Significant differences in the abundance of the evaluated bacterial groups were observed for the disease groups when compared to the healthy dogs. *Faecalibacterium* spp., *Turicibacter* spp., and Ruminococcaceae were significantly decreased in CE and AHD ($p<0.001$ for all). Bacteroidetes were significantly decreased in CE ($p<0.001$), but not different in AHD ($p>0.05$). *E. coli* and *C. perfringens* were significantly increased in CE ($p<0.05$ and $p<0.001$, respectively) and AHD (p<0.001 and p<0.01, respectively). *Bifidobacterium* spp. and γ-Proteobacteria were significantly increased in CE (p<0.05 for both), but not different in dogs with AHD (p>0.05 for both). *Lactobacillus* spp. and *Streptococcus* spp. were significantly increased in dogs with CE (p<0.01 for both) and decreased in dogs with AHD (p<0.05 and p<0.01, respectively). There was no significant difference in the abundance of Firmicutes in dogs with CE or AHD compared to the healthy dogs (p>0.05).

In conclusion, the here employed qPCR panel revealed a fecal dysbiosis in dogs with CE and AHD when compared to healthy dogs. These results are similar to recently reported findings using molecular sequencing approaches. Quantification of these bacterial groups by qPCR may be useful for diagnosis or monitoring of gastrointestinal disease in dogs.

FECAL S100A12 CONCENTRATIONS ARE INCREASED IN DOGS WITH INFLAMMATORY BOWEL DISEASE.

RM Heilmann[1], A Grellet[2], K Allenspach[3], P Lecoindre[4], MJ Day[5], F Procoli[3], N Grützner[1], JS Suchodolski[1], JM Steiner[1].

[1]Gastrointestinal Laboratory, Texas A&M University, College Station, TX.
[2]Royal Canin, Aimargues, France
[3]Royal Veterinary College, University of London, UK.
[4]Clinique vétérinaire des Cérisioz, St Priest, France. [5]Division of Veterinary Pathology, University of Bristol, Langford, UK

Diagnosis and treatment of inflammatory bowel disease (IBD) in dogs can be challenging. Serological or fecal markers of the disease that correlate with clinical severity would be very useful for the clinician. To date, only one serum marker, C-reactive protein, has been shown to correlate with clinical activity of disease and has shown some clinical utility in monitoring treatment of these patients. Surrogate inflammatory markers that can be measured in feces, such as the concentration of fecal S100A12, are considered useful tools for the detection of active gastrointestinal inflammation in humans but have not been reported in canine IBD. The aim of this study was to measure fecal S100A12 concentrations in dogs with IBD and to correlate these concentrations to clinical and histological markers of disease severity.

Spot fecal samples were collected from 29 dogs with IBD (median age [range]: 4 [1-13] years, 17 [59%] males) and 70 healthy control dogs (median age [range]: 4 [0.8-15] years, 37 [53%] males). Fecal S100A12 concentrations were measured by an in-house ELISA, and were compared between dogs with IBD and healthy controls using a Wilcoxon rank sum test. A Spearman rank sum correlation coefficient ρ with Bonferroni correction ($p<0.0071$) was used to assess the relationship of fecal S100A12 concentrations with clinical activity (using the CCECAI scoring system) and with endoscopic and histologic disease severity (using 4-point semi-quantitative grading systems with 0=inactive, 1=mild, 2=moderate, and 3=severe changes).

Fecal S100A12 concentrations were significantly higher in dogs with IBD (median [range]: 273 [5-110,400] ng/g) compared to healthy controls (median [range]: 9 [1-1,810] ng/g; $p<0.0001$) and correlated with the severity of endoscopic disease in the duodenum ($ρ=0.503$; $p=0.0064$) but not in the stomach ($p=0.9501$) and had a trend to correlate with the endoscopic disease activity in the colon (ρ=0.815; p=0.0136). Fecal S100A12 concentrations were not associated with the severity of histological changes in the stomach (p=0.7749), duodenum (p=0.5517), or colon (p=0.0574), but tended to be higher (15,830 [19-110,400] ng/g *vs.* 187 [5-7,370] ng/g; p=0.0783) if histology revealed a neutrophilic component of the inflammatory infiltrate (n=5). Fecal S100A12 concentrations showed a trend towards correlation with the CCECAI score (ρ=0.384; p=0.0400).

This study showed that fecal canine S100A12 concentrations are increased in dogs with IBD compared to healthy dogs and correlate with endoscopic disease severity. Further studies are under way to evaluate the mucosal expression of S100A12 in dogs with IBD and to assess fecal S100A12 concentrations in response to treatment.

Total RNA was isolated from the biopsies and the quality and quantity of RNA was assessed by automated electrophoresis. Gene expression was measured by quantitative real-time RT-PCR. Expression was normalised using four stably expressed housekeeper genes (GAPDH, SDHA, TBP and YWAZ). For each sample, a relative copy number was calculated for each gene. Expression differences before and after treatment were assessed using Student's paired t test.

Expression of IL-5, IL-10, IL-12p35, IL-13, IL-17C, IL-27, RANTES/CCL5, eotaxin-2/CCL24, TGF-α and IFN-γ after treatment was significantly decreased compared with expression before treatment. This was associated with a decrease in the CCECAI and histopathological scores.

Results of this study suggest that treatment of CCE may be associated with a change in the expression of genes encoding particular cytokines and chemokines in the duodenal mucosa and supports extension of this work in a larger cohort of patients of defined disease phenotypes.

GA-O-5
PHYLOGENETIC COMPARISON OF DUODENAL BACTERIA IN CATS WITH FOOD RESPONSIVE ENTEROPATHY AND INFLAMMATORY BOWEL DISEASE USING 16S RRNA GENE PYROSEQUENCING. R. Gostelow[1], J. Suchodolski[2], J.M. Steiner[2], KSmith[1], S.E. Dowd[3], K. Allenspach[1]. [1]The Royal Veterinary College, Hatfield, United Kingdom, [2]Texas A&M University, College Station, United States of America, [3]Research and Testing Laboratory, Lubbock, United States of America

The intestinal microbiome likely plays a role in the pathogenesis of inflammatory bowel disease (IBD) in cats. Molecular methods, such as 16S rRNA gene pyrosequencing, allow better assessment of the intestinal microbiota than culture-based techniques. This is the first study to use pyrosequencing to categorize the small intestinal microbiota in cats.

Cats undergoing gastroduodenoscopy for signs of chronic gastrointestinal disease were recruited between July 2006 and April 2009. A Feline Chronic Enteropathy Activity Index (FCEAI) value was calculated for each cat according to a recently described method. Duodenal mucosal biopsies for histology and duodenal mucosal brush samples for pyosequencing were collected during endoscopy. Duodenal biopsies were graded by a single pathologist (KS) according to published guidelines. Genomic DNA was extracted and bacterial tag-encoded FLX amplicon pyrosequencing (bTEFAP) based upon the V4-V5 region of the 16S rRNA gene was performed. Bacterial identity was determined by comparing sequences against high confidence 16S rRNA gene sequences from public databases. Results were compiled to provide relative abundance estimations at each taxonomic level (expressed as median percentage of total sequences and range). Cats were classified as having food responsive enteropathy (FRE) or steroid responsive enteropathy (IBD) based on their response to dietary or steroid therapy for clinical signs. Mann-Whitney U test was used to compare variables between FRE and IBD groups (P<0.05). Unifrac distance metric was used to compare the duodenal microbiome of the two groups.

Ten cats with FRE and 16 cats with IBD were recruited. There was no significant difference in age, weight, FCEAI (FRE: median 6.5, range 4-10; IBD: median 8, range 4-13) or histology score (FRE: median 6.5, range 4-10; IBD: median 8, range 4-13) between groups. The most prevalent bacterial phyla were Proteobacteria (FRE: 53.07%, range 19.3-98.4%; IBD: 42.75%, range 3.1-99.1%), Bacteroidetes (FRE: 22.34%, range 0.0-48.3%; IBD: 3.58%, range 0.0-51.9%), Firmicutes (FRE: 8.2%, range 0.7-36.6%; IBD: 11.6%, range 0.01-96.4%) and Actinobacteria (FRE: 1.73%, range 0.5-11.7%; IBD: 2.11%, range 0.0-58.0%). There was no significant difference between the microbiome of FRE and IBD groups.

Pyrosequencing can successfully be used to classify the intestinal microbiota of cats. Further studies are needed to assess whether the microbiota in cats with FRE and IBD differs from that of healthy cats.

GA-O-6
SERUM CALGRANULIN CONCENTRATIONS IN DOGS WITH INFLAMMATORY BOWEL DISEASE. R.M. Heilmann[1], K. Allenspach[2], F. Procoli[2], K. Weber[1], J. Suchodolski[1], J.M. Steiner[1]. [1]Gastrointestinal Laboratory, COLLEGE STATION, United States of America, [2]Royal Veterinary College, University of London, LONDON, United Kingdom

Idiopathic inflammatory bowel disease (IBD) in dogs often represents a diagnostic challenge. Little is known about the pathogenesis of canine IBD, but mounting evidence suggests a central role of innate immunity. Calprotectin, the S100A8/A9 complex, and S100A12 are believed to function as endogenous damage-associated molecular patterns and to be involved in the immune response in diseases such as IBD in humans. In dogs with IBD, expression of mucosal S100-mRNA was shown to be increased 11-fold, but actual concentrations of S100 proteins such as calprotectin and S100A12 have not been investigated to date in canine IBD. Therefore, this study aimed at measuring serum calprotectin and S100A12 concentrations in dogs with IBD before treatment and evaluating their correlation with the clinical disease activity as determined using a clinical scoring system (CCECAI) and the concentration of C-reactive protein (CRP) in serum.

Serum was collected from 13 dogs with IBD at the time of diagnosis and was used to measure serum calprotectin, S100A12, and CRP. Each dog was assessed using the CCECAI scoring system. Canine calprotectin and S100A12 concentrations were measured using analytically specific in-house immunoassays. A Wilcoxon rank sum test was used to compare serum calprotectin and S100A12 concentrations between dogs with IBD and 110 healthy controls. A Spearman rank sum correlation coefficient (rho) was calculated to evaluate the relationship of both serum calprotectin and S100A12 concentrations with CCECAI and serum CRP, respectively.

Canine calprotectin (median: 24.5 mg/L) and S100A12 concentrations (median: 223.0 µg/L) were significantly increased in dogs with IBD compared to healthy controls (median: 4.9 mg/L and 85.2 µg/L, respectively; both p<0.0001) but did not correlate with the CCECAI score (rho=0.318; p=0.2905 and rho=0.214; p=0.4826, respectively) or with the concentration of CRP in serum (rho=0.396; p=0.1809 and rho=0.308; p=0.3064, respectively).

This study showed that canine calprotectin and S100A12 are increased in dogs with IBD and that their concentrations in serum may provide a useful addition to the limited repertoire of inflammatory biomarkers available for use in dogs with IBD. Lack of a correlation between serum calgranulin concentrations and clinical disease activity agrees with the results for other serum markers, and the lack of a correlation with the concentration of CRP in serum could possibly be explained by spatial and/or temporal differences in their expression and/or release into the extracellular space. Further studies are under way to evaluate mucosal and fecal concentrations of calprotectin and S100A12 in canine patients with IBD.

GA-O-7
FECAL CALPROTECTIN CONCENTRATION IN ADULT DOGS WITH AND WITHOUT DIGESTIVE TROUBLES. A. Grellet[1], R.M. Heilmann[2], A. Feugier[3], P. Lecoindre[4], J. Hernandez[5], V. Freiche[6], D. Peeters[7], J.S. Suchodolski[2], D. Grandjean[1], J.M. Steiner[2]. [1]Ecole Nationale Vétérinaire d'Alfort, MAISONS-ALFORT, France, [2]Gastrointestinal Laboratory, College of Veterinary Medicine and Biomedical Scien, COLLEGE STATION, TX, United States of America, [3]Royal Canin, AIMARGUES, France, [4]Clinique vétérinaire des Cérisioz, ST PRIEST, France, [5]Frégis, ARCUEUIL, France, [6]Alliance, BORDEAUX, France, [7]Faculté de Médecine Vétérinaire, LIEGE, Belgium

Calprotectin (CP) is a heterodimeric protein complex of neutrophils and macrophages. To screen patients prior to more invasive procedures, several noninvasive markers of gastro-intestinal inflammation have been suggested in humans with inflammatory diseases of the gastrointestinal tract. The concentration of fecal CP in feces has been shown to be a useful marker for inflammatory bowel disease in humans with higher concentrations in affected humans than in healthy controls. A radioimmunoassay for the quantification of canine calprotectin (cCP) in fecal samples has recently been developed and analytically validated [1]. To our knowledge, fecal cCP concentrations have not been studied extensively in dogs with gastrointestinal diseases. Thus this study aimed at investigating fecal cCP concentrations in dogs with and without digestive troubles.

Fecal samples were collected prospectively from 154 dogs. For each dog, fecal consistency was scored using a 5-point numerical scale. Dogs were separated into three groups: healthy dogs with an optimal fecal score (n = 93), dogs with acute diarrhea (n = 33) and dogs with chronic diarrhea (n = 28). For the 28 dogs with chronic diarrhea, a clinical disease activity index (CCECAI) was calculated [2]. In dogs with chronic diarrhea, intestinal inflammation was evaluated by the realisation of a gastroscopy, duodenoscopy and/or colonoscopy and histopathological evaluation of mucosal biopsies from the stomach, duodenum and/or colon. Fecal cCP concentration was evaluated in all the 154 dogs. Data were not normally distributed therefore nonparametric tests (Kruskal Wallis test, Mann-Whitney U test) were used. Significance was determined by a P-value < 0.05.

Fecal cCP concentrations did not differ between healthy dogs and dogs with acute diarrhea. Dogs with chronic diarrhea had significantly higher fecal cCP concentrations compared to dogs with acute diarrhea (medians: 35.6 vs 4.6 µg/g; P < 0.001). Dogs with a CCECAI > 12 had significantly higher fecal cCP concentrations compared to dogs with a CCECAI < 12 (medians: 71.1 vs 19.8 µg/g; P = 0.032). Dogs with chronic diarrhea and severe intestinal inflammation (based on endoscopy and histology) had significantly higher fecal cCP concentrations compared to dogs with chronic diarrhea and mild intestinal inflammation (medians: 71.1 vs 19.8 µg/g; P = 0.024).

In our study, dogs with intestinal inflammation had increased fecal concentrations of cCP. An association between the disease activity as assessed by endoscopy and histology and fecal cCP concentrations was observed.

1. Heilmann et al. AJVR 2008; 69: 845
2. Allenspach K et al. JVIM 2007; 21: 700

GA-O-8

SEROREACTIVITY AGAINST BACTERIAL FLAGELLIN IN DOGS WITH INFLAMMATORY BOWEL DISEASE: PRELIMINARY FINDINGS. F. Procoli[1], J. Elson-Riggins[1], K. Graham[1], M.deAmbrogi[1], S. Schmitz[1], A. Kathrani[1], F. Gaschen[3], K. Simpson[4], A. Rycroft[2], K. Allenspach[1]. [1]Department of Veterinary Clinical Sciences, Royal Veterinary College, University of London, United Kingdom, [2] Department of Pathology and Infectious Diseases, Royal Veterinary College, University of London, United Kingdom, [3]Department of Veterinary Clinical Sciences, School of Veterinary Medicine, Louisiana State University, United States of America, [4]Department of Clinical Sciences, College of Veterinary Medicine, Cornell University, United States of America

Inflammatory bowel disease (IBD) is a common cause of chronic diarrhoea in dogs. Diagnosis of canine IBD is often challenging and relies on an exclusion diagnosis with histopathological assessment of intestinal mucosal biopsies. Therefore, non-invasive serological markers may help to simplify diagnosis and possibly predict prognosis in canine IBD. Aberrant immune response towards commensal microorganisms has been shown to play a role in the pathogenesis of this disease; and serum antibodies against bacterial flagellin are found in a subset of people with IBD.

Therefore, the aim of this study was to evaluate the presence of antibodies against different bacterial flagellins in a small cohort of dogs with IBD and healthy dogs. All IBD dogs were selected on the basis of moderate clinical severity (Canine Chronic Enteropathy Clinical Activity Index, score >8).

Sera from six dogs diagnosed with IBD at the Royal Veterinary College, London, and 3 healthy dogs were analysed using Western Blot (WB) to assess seroreactivity against different flagellins. Two commercially available recombinant flagellins, (Bacillus subtilis and Salmonella typhimurium), and a purified flagellin extracted from a commensal strain of Escherichia coli, which had previously been cultured from a dog with confirmed IBD, were used as antigen in the WB. Sera samples were analyzed at dilutions of 1:200 and 1:500. Commercially available murine monoclonal antibodies against S. typhimurium flagellin were used as the positive control. All experiments were performed in duplicates.

All IBD dogs showed seroreactivity against commensal derived E. coli flagellin, as indicated by the presence of a band of the expected size (55 kD). One IBD dog showed seroreactivity against S.typhimurium flagellin. No seroreactivity was found against Bacillus subtilis flagellin in any of the IBD dogs. No antibodies against any of the flagellins were detected in the healthy dogs.

To our knowledge this is the first study demonstrating the presence of seroreactivity against flagellin in dogs with IBD. This important finding could lead to the development of a novel non-invasive marker for the diagnosis and monitoring of canine IBD cases.

GA-O-8

TREATMENT OF OESOPHAGEAL SPIROCERCOSIS IN 20 DOGS WITH ORAL DORAMECTIN. R. Lobetti. Bryanston Veterinary Hospital, BRYANSTON, South Africa

Spirocercosis represents a significant health problem in dogs in many regions of the world, which has been to be difficult to treat as there is currently no registered drug for use in the dog. Although the cattle anthelminthic doramectin, a macrocyclic lactone, has been extra-labelled and successfully used for the treatment of S. lupi, there does not appear to be consensus on dose, route, or frequency of administration.

The purpose of this study was to evaluate the effect of a daily dose of doramectin given orally in dogs with spirocercosis. Twenty naturally infected dogs with endoscopic confirmed spirocercosis were evaluated. All dogs were treated with 0.5 mg/kg doramectin administered orally once daily ranging from 42 to 126 days.

In 13 of the dogs (65%) there was resolution of the nodules after 42 days of therapy; whereas in the other seven dogs (35%) nodules were still evident on oesophagoscopy after 42 days. The doramectin was continued at the same dose for a further 42 days (total of 84 days), which resulted in elimination of the nodules in 5 of the dogs. In the other 2 dogs that still had oesophageal nodules the doramectin was continued at the same dose for a further 42 days (total of 126 days), which finally resulted in complete resolution of the nodules. None of the dogs showed any adverse clinical reaction to the doramectin. There was no sex or age predilection for infection but the German shepherd dog (GSD) was over represented at 45% of the cases with an Odds ratio of 9.35. In addition seven GSD's did not responded to the initial course of therapy, which could imply that the GSD is less sensitive to doramectin and that it requires a longer duration of therapy before there is resolution of the oesophageal nodules.

This study concluded that the daily use of doramectin at 0.5 mg/kg once a day is effective in the elimination of Spirocerca lupi oesophageal nodules in dogs without any clinical side effects.

GA-O-10

INTERLEUKIN-17A AND INTERLEUKIN-22 MRNA EXPRESSION IS LOW IN DUODENAL TISSUE FROM DOGS WITH INFLAMMATORY BOWEL DISEASE. S. Schmitz, D. Werling, K. Allenspach. Royal Veterinary College, NORTH MYMMS, United Kingdom

Inflammatory bowel disease (IBD) is the most common cause of chronic gastrointestinal signs in dogs, the pathogenesis of which remains elusive. In people with IBD, Interleukin (IL)-17-

048– ESVIM – ISAID – GARDEN
OF MICE, MEN AND DOGS? A POPULATION OF CANINE CD4+CD25HIGH FOXP3+ T CELLS EXHIBITS SUPPRESSIVE PROPERTIES IN VITRO. Oliver Garden[1], Dammy Pinheiro[1], Yogesh Singh[1], Richard Appleton[1], Flavio Sacchini[1], Kate Walker[1], Alden Chadbourne[1], Charlotte Palmer[1], Elizabeth Armitage-Chan[1], Ian Thompson[2], Lina Williamson[3], Fiona Cunningham[1]. [1]The Royal Veterinary College, LONDON, United Kingdom, [2]Novartis Animal Health Inc, BASEL, Switzerland, [3]Novartis Institute for Biomedical Research, CAMBRIDGE, United States of America

Naturally occurring regulatory T cells (Tregs) play a key role in the maintenance of peripheral tolerance, accounting for 3–10% of peripheral CD4+ T cells. They are identified on the basis of high constitutive expression of both the IL-2 receptor á chain (CD25) and the transcription factor FOXP3. Preliminary studies conducted by us and others have demonstrated FOXP3 expression by CD4+ and CD8+ T cells isolated from the blood and peripheral lymph nodes of systemically healthy dogs. However, little is known about Treg function in this species. Here we report the isolation and suppressive properties of these cells.

Polyclonal stimulation of lymphocyte preparations with concanavalin A (ConA) $in\ vitro$ over 72 hours resulted in an increase in both the proportion and median fluorescence intensity of FOXP3 expression by canine CD4+ T cells (4.8 ± 0.6% (mean ± SEM) at time 0 (n = 9) versus 9.3 ± 3.9% at 72 hours (n = 5)). Subsequent removal of the stimulus followed by extended culture led to the disclosure of distinct CD4+FOXP3^{high}IFNγ+ and CD4+FOXP3^{intermediate}IFN$\gamma^{-/+}$ populations, respectively thought to represent Tregs and activated conventional T cells.

ConA-activated FOXP3-pre-enriched lymphocytes were sorted on the basis of both CD4+ and CD25^{high} expression by FACS^{TM} and cultured alone or with responder T cells. Activated CD4+CD25^{high} T cells were anergic and suppressed the proliferation of magnetically-isolated third party CD4+ T cells prestimulated with ConA by 66.7 ± 6.8% (mean ± SEM) (n = 5), measured by the incorporation of tritiated thymidine after 72 hours of co-culture. In contrast, contemporaneously activated CD4+CD25– T cells proliferated robustly and showed no suppressive properties $in\ vitro$. Additional interrogation of CD4+CD25^{high} T cells by reverse transcriptase-quantitative PCR demonstrated a regulatory phenotype, with a greater abundance of transcripts encoding FOXP3 and lower abundance of transcripts encoding IFNγ, IL-9 and IL-17, when compared to CD4+CD25– T cells.

In summary, we have demonstrated a population of CD4+CD25^{high}FOXP3+ T cells in the dog that exhibits similar phenotypic and functional characteristics to naturally occurring Tregs of man and mouse. Further work is ongoing to elucidate the specific mechanisms of suppression by this population $in\ vitro$.

049– ESVIM – ISCAID – NIENHOFF
PREVALENCE OF METHICILLIN-RESISTANT STAPHYLOCOCCUS ISOLATES IN DOGS ATTENDING A GERMAN VETERINARY TEACHING HOSPITAL. Ulrike Nienhoff[1], Kristina Kadlec[2], Iris F. Chaberny[3], Jutta Verspohl[1], Gerald F. Gerlach[1], Stefan Schwarz[2], Daniela Simon[1], Ingo Nolte[1]. [1]University of Veterinary Medicine Hannover, Foundation, HANNOVER, Germany, [2]Institute of Farm Animal Genetics, Friedrich-Loeffler-Institut (FLI), NEUSTADT-MARIENSEE, Germany[3]Hannover Medical School, HANNOVER, Germany

During September 2007 - January 2009 dogs admitted to the Small Animal Hospital of the University of Veterinary Medicine Hannover were screened for the presence of coagulase-positive methicilin-resistant staphylococci (MRS). The aim of the study was to determine the prevalence of MRS among dogs entering a German clinic and to identify risk factors for the carriage of MRS.

In total, 815 dogs were sampled before entering the clinic. A questionnaire for background information on the dog and its owner was completed. Swabs were taken from the pharyngeal and the perineal region and tested for staphylococci. The staphylococcal species was identified by biochemistry and methicillin-resistant $Staphylococcus\ pseudintermedius$ (MRSP) were confirmed by RFLP-PCR of the pta gene. MRS isolates were identified by a chromogenic agar, oxacillin disk diffusion and the presence of PBP2a and mecA. The detected methicillin-resistant $S.\ aureus$ (MRSA) and MRSP isolates were characterized by SCCmec typing, SmaI pulsed-field gel electrophoresis (PFGE), and antimicrobial susceptibility testing to 25 agents by broth microdilution according to CLSI recommendations. The MRSA isolates were also subjected to spa typing, as well as ApaI PFGE. A risk factor analysis for MRSP carriage in dogs was performed.

Among the 815 dogs sampled, 40 (4.9%) dogs harboured $S.\ aureus$ and 697 (85.5%) dogs harboured $S.\ pseudintermedius$. Three (0.4%) dogs were positive for MRSA and 61 (7.5%) dogs for MRSP. The MRSA isolates harboured SCCmec type II, IV and V and belonged to the spa types t014, t032 and t034. In addition to β-lactams two isolates were resistant to macrolides, lincosamides (ML) and (fluoro)quinolones (FQ) and one isolate to ML and tetracycline (TC). All MRSA isolates showed different SmaI and ApaI patterns. The MRSP isolates harboured SCCmec II-III. They showed very similar susceptibility patterns with resistance to β-lactams, ML, FQ, TC, chloramphenicol, gentamicin, trimethoprim and sulfamethoxazole and susceptibility to quinupristin/dalfopristin, vancomycin and tiamulin. The MRSP isolates differed distinctly in their SmaI patterns. Among the 64 dogs, 27 dogs harboured an MRS isolate in each site sampled with indistinguishable isolates in all cases. The highest evaluated risk factors for MRSP were former hospitalization and previous antibiotic therapy. Of the 48 dogs, which had been hospitalized within 6 months before sampling, 42 (87.5%) dogs also had received antimicrobial agents within the last six months.

The occurrence of MRSA in dogs is rare, but multi-resistant MRSP isolates occur frequently in dogs. This study identified prior hospitalization and/or antibiotic therapy as main risk factors for MRSP carriage in dogs. Therefore infection control measures need careful attention and antimicrobial therapy should be evaluated for every single case.

050– ESVIM – ISCAID - GRELLET
EVALUATION OF CANINE CALPROTECTIN IN FECES FROM A LARGE GROUP OF PUPPIES. Aurélien Grellet[1], Romy Heilmann[2], Jan Suchodolski[3], Alexandre Feugier[4], Gregory Casseleux[4], Vincent Biourge[4], Thierry Bickel[1], Bruno Polack[1], Dominique Grandjean[1], Jorg Steiner[2]. [1]Ecole Vétérinaire d'Alfort, MAISONS ALFORT, France, [2]Gastrointestinal Laboratory, Texas A&M University, TAMU, United States of America, [3]Gastrointestinal Laboratory, Texas A&M University, TAMU, United States of America, [4]Royal Canin, AIMARGUES, France

Calprotectin (CP) is a heterodimeric protein complex abundant in neutrophils and macrophages. CP is contained in infiltrating myelomonocytic cells at sites of inflammation, where it is actively or passively released into the extracellular space as a result of cell disintegration. To screen patients prior to more invasive investigations, several noninvasive markers have been suggested in human patients with inflammatory gastrointestinal conditions. The concentration of fecal CP has been shown to be a useful marker for organic disease being higher in patients with inflammatory bowel disease than in healthy controls. In dogs a radioimmunoassay for the quantification of canine calprotectin (cCP) has recently been developed for fecal samples. The assay was described as sensitive, linear, accurate, precise, and reproducible [Heilmann RM. AJVR 2008; 69: 845]. To our knowledge fecal cCP concentrations have only been described in healthy adult dogs. This study aims at investigating fecal cCP in puppies with and without diarrhea at weaning.

Faecal samples were collected prospectively from 271 puppies (4 to 10 weeks of age). For each puppy the fecal consistency was scored using a 5-point numerical scale. cCP was measured as described previously. Following zinc sulfate flotation of fecal samples, microscopic examination was performed to identify parasitic ova, cysts, and oocysts. Data were not normally distributed. Non parametric tests were used according to the number of groups considered (Kruskal Wallis test or Mann-Whitney U test). Groups differed significantly for a P-value < 0.05. Data are shown in the test as medians.

Fecal calprotectin concentration differed significantly in puppies younger or older than 8 weeks (21.32 vs 6.47 μg/g; P < 0.001). 19.8% of puppies had normal fecal consistency. Faecal calprotectin concentration was not linked to the faecal quality. 31.3% of puppies were infested by Isospora spp (more than 1000 oocysts/g of feces). An infection by Isospora spp induced significantly to higher levels of

Ccp in puppies (P < 0.001). However the concentration of fecal cCP was not influenced by the type of Isospora isolated.

Our study revealed the age dependent characteristic of cCP as observed in children [Rugtveit J. J Pediatr Gastro Nutr 2002; 34: 323]. The higher concentrations of cCP observed in younger puppies may be linked to a higher permeability of the intestinal mucosa or might also be associated to the presence of milk in the regime. The higher cCP concentrations in puppies infested by Isospora spp. could be explained by the inflammatory response to the protozoan. This hypothesis needs to be confirmed by biopsies. Further research into the clinical usefulness of the measurement of fecal cCP concentrations in dogs with histologically confirmed inflammatory conditions are warranted and are being conducted.

051– ESVIM – ISCAID – MCCLURE
SERIAL C-REACTIVE PROTEIN CONCENTRATIONS AS A PREDICTOR OF OUTCOME IN PUPPIES INFECTED WITH PARVOVIRUS. Vanessa McClure[1], Mirinda van Schoor[2], Amelia Goddard[2], Thompson Peter[3], Mads Kjelgaard-Hansen[4]. [1]University of Pretoria, Faculty of Veterinary Science, PRETORIA, South Africa, [2]University of Pretoria, Department of Companion Animal Clinical Studies, PRETORIA, South Africa, [3]University of Pretoria, Department of Production Animal Studies, PRETORIA, South Africa, [4]University of Copenhagen, Department of Small Animal Clinical Sciences, COPENHAGEN, Denmark

Canine parvovirus (CPV) remains a leading cause of enteritis in young dogs. To date no agent-specific treatment exists, so treatment remains symptomatic and supportive. Without treatment CPV infection is often fatal. Due to the high cost associated with treatment, early and more effective prediction of outcome will have both an economic and clinical impact. Objective and easily accessible parameters for outcome are preferred. C-reactive protein (CRP) is a major positive acute phase protein in dogs. It has been used extensively in human and animal medicine as a quantitative marker for inflammatory activity in disease processes and is often useful as a prognostic indicator, especially when serial measurements are used.

The aim of this study was to evaluate serial CRP values as a predictor of outcome in puppies suffering from CPV enteritis. Seventy-nine client-owned puppies, diagnosed with CPV and admitted to the isolation ward of the Onderstepoort Veterinary Academic Hospital, were included in the study. Serum for CRP measurements was collected at admission and after 12- and 24 hours. CRP concentrations were determined using an automated human CRP turbidometric immunoassay, previously validated for use in dogs.

Association of CRP concentrations and changes in CRP concentrations with survival, were estimated using logistic regression, adjusting for age, weight and sex. Clinical performance was evaluated by means of receiver-operating characteristic (ROC) curves. Mortality fraction was 20% (16/79). Median CRP concentrations on admission, 12 h and 24 h after admission for survivors were 104.8 mg/l, 89.2 mg/l and 68 mg/l, and for non-survivors 155 mg/l, 151.3 mg/l and 128.5 mg/l respectively. There was a significant negative association between survival and CRP concentration on admission (p = 0.04), 12 h after admission (p = 0.005) and 24 h after admission (p = 0.003). Survival was not significantly associated with change in CRP between admission and 12 h (p = 0.33), admission and 24 h (p = 0.62) and 12 and 24 h (p = 0.99).

Despite the significant association between CRP and survival, ROC analysis demonstrated that discriminative ability of CRP alone predicting survival was not acceptable (area under the ROC curve for CRP on admission, 12 h and 24 h was 0.69, 0.78 and 0.79 respectively). Together with other known prognosticators however, like blood leukocyte changes, CRP may prove to be a useful early predictor.

052– ESVIM – ISCAID – VANHERBERGHEN
CYTOKINE EXPRESSION BY ASPERGILLUS FUMIGATUS STIMULATED PERIPHERAL BLOOD MONONUCLEAR CELLS FROM DOGS WITH SINO-NASAL ASPERGILLOSIS. Morgane Vanherberghen[1], Fabrice Bureau[2], Iain Peters[3], Laurence Fievez[2], Frédéric Billen[1], Cécile Clercx[1], Dominique Peeters[1]. [1]LIEGE, Belgium, [2]Biochemistry and Molecular Biology, University of Liège, Belgium, [3]School of Clinical Veterinary Science, University of Bristol, United Kingdom, [4]Companion Animal Clinical Sciences, University of Liège, Belgium

Cytokine gene expression in nasal mucosa from dogs with sino-nasal aspergillosis (SNA) is characterised by increased mRNA expression of IFN-γ and other pro-inflammatory cytokines. Failure to clear the infection, despite this local Th1 inflammatory response, may be related to the increased IL-10 and/or TGF-β expression, presumably by regulatory T cells, in this nasal mucosa. However, these mRNA expression studies have used mucosal biopsies rather than isolated T-cells. The aim of this study was to measure cytokine expression by peripheral blood mononuclear cells (PBMC), isolated from dogs with and without SNA, when cultured with Aspergillus fumigatus conidia.

PBMC were used as insufficient cells were obtained from mucosal biopsies. PBMC were isolated and cultured from dogs with SNA (n = 7) and healthy controls (n = 4) using standard methods under different conditions: no stimulation, non-specific stimulation with PMA/ionomycin and stimulation with A. fumigatus conidia. Cell proliferation was assessed by thymidine incorporation and the CD4:CD8 ratio, before and after culture, by flow cytometry. The concentration of IL 10 and IFN-γ in the culture supernatant was measured by ELISA; whilst the IFN-γ, IL 4, IL 10, IL 13 and TGF β mRNA expression in the PBMC was measured by real-time quantitative RT-PCR (qRT-PCR). The results of the measurements were compared, between the 2 groups, using the Mann-Whitney test and considered significant when p < 0.05.

The cell viability was always greater than 90%. The proliferation ratio of the PBMC from both study groups, stimulated with PMA/ionomycin, ranged from 4 to 20. However, only PBMC from dogs with SNA displayed a proliferation ratio greater than 3 following conidia stimulation. The CD4:CD8 ratio increased, following conidia stimulation, in PBMC collected from dogs with SNA only.

IFN-γ mRNA and protein expression was greater in both groups following non-specific stimulation, but only the former was statistically significant. IFN-γ mRNA and protein expression was significantly increased following conidia stimulation in SNA dogs only. IL-10 mRNA and protein expression was significantly decreased in both groups following conidia challenge, but there was no difference with non-specific stimulation. No differences in IL-4, IL-13 and TGF-β mRNA were found. These results suggest that Th1 cells, specifically sensitised to A. fumigatus conidia, but not regulatory T cells secreting IL-10 and/or TGF-β are present in the blood of dogs with SNA.

053– ESVIM – ISCAID – GALLAGHER
CLINICAL, CLINICOPATHOLOGICAL AND RADIOGRAPHIC FEATURES AND OUTCOME OF ANGIOSTRONGYLOSIS IN DOGS FROM IRELAND. Barbara Gallagher, Sheila Brennan, Carmel Mooney. University College Dublin, DUBLIN, Ireland

Angiostrongylus vasorum is a metastrongyloid parasite known to infect dogs, causing a wide variety of clinical signs, with potentially fatal consequences. It is increasingly reported in dogs across Europe. Although recognised in Ireland since 1973, there are no large series of cases yet reported.

The aim of this study was to identify signalment, geographical location, clinical, clinicopathological and radiographic features and outcome in a series of dogs from Ireland.

The case records of all dogs presenting to the University Veterinary Hospital (UVH) between 1999 and 2009 were retrospectively reviewed. In total 23 animals with a positive diagnosis of angiostrogylosis as determined by modified Baermann (n = 16), BAL (n = 1), PCR (n = 1) or post mortem examination (n = 5) were identified. The majority (n = 21 (91%)) lived on the east coast. The group comprised 9 (39%) males and 14 (61%) females including 19 pedigree (German shepherd (n = 3), Labrador retriever (n = 2), Jack Russell terrier (n = 2) and 1 each of a variety of other breeds) and 4 crossbreeds. The median age was 1.6 years (range 0.3–12.0 years) and 8 (35%) cases were > 2 years. The clinical signs included cardiorespiratory (n = 14(61%)), coagulopathy (n = 13 (57%)) and other (n = 14 (61%)) less specific signs. Cough (n = 9), dyspnoea (n = 4), nasal discharge (n = 3) and tachypnoea (n = 3) were the most common cardiorespiratory abnormalities. Of the animals with clinical evidence of a primary or secondary coagulation defect, been linked with an increased hyaluronan synthase 2 (HAS 2) gene expression, a gene that is located in the same genomic region on canine chromosome 13. In one study, a deletion of two nucleotides was found in the intron following exon 2 of HAS 2, in close proximity to the exon/intron boundary. Therefore, the objective of this study was to evaluate this intron region in dogs with cobalamin deficiency.

Serum samples were collected from 26 unrelated Shar Peis, and serum MMA (reference interval [RI]: 415–1,193 nmol/L) and serum cobalamin concentrations (RI: 252–908 ng/L) were measured. Genomic DNA was extracted from whole blood. A primer pair was chosen to amplify the subsequent intron region of exon 2 of HAS 2 (Forward: GGATGCTAATGTTGACTGC; Reverse: TCAGC-CAAAACAGACAAGAA), because the intron region following exon 2 showed a deletion of two nucleotides (cytosine and thymine) located at intron positions 87bp and 88bp, respectively. The identity of the product was verified by direct sequencing. The sequencing results were compared between 12 cobalamin deficient Shar Peis (undetectable serum cobalamin and increased serum MMA concentrations, 5 dogs with the deletion) and 14 healthy control dogs (normal serum cobalamin and serum MMA concentrations, 3 dogs with the deletion). To test whether the occurrence of the deletion within the intron following exon 2 of HAS 2 is independent of the phenotypic expression and the occurrence of allele 283 of FH3619, a Fisher's exact test was used and the odds ratios (OR), and their 95% confidence intervals (CI) were calculated. Statistical significance was set at $p < 0.05$.

There was no significant association found between cobalamin deficient Shar Peis and the deletion of the two nucleotides ($p = 0.40$; OR = 1.8; 95%CI, 0.6–5.5) compared to control Shar Peis. However, the deletion associated with allele 283 of FH3619 in both groups of Shar Peis yielded an OR of 7.8 ($p = 0.01$; 95% CI, 1.5–41.0).

The results of this study suggest that the deletion of the two nucleotides is significantly associated with allele 283 of FH3619 in the Chinese Shar Peis.

0107– ESCG – GRELLET
PREVALENCE OF TRITRICHOMONAS FOETUS IN PUPPIES FROM FRENCH BREEDING KENNELS. Aurélien Grellet[1], Thierry Bickel[1], Bruno Polack[1], Cassandre Boogaerts[1], Gregory Casseleux[2], Vincent Biourge[2], Dominique Grandjean[1].
[1]Ecole Vétérinaire d'Alfort, MAISONS ALFORT, France, [2]Royal Canin, AIMARGUES, France

In recent years Tritrichomonas foetus (TF) has been reported as a naturally occurring pathogen of the large intestine of domestic cats. Both natural and experimental infections in cats with TF have been associated with large bowel intestinal diarrhea. This protozoa has already been identified in young puppies with diarrhea [Gookin JL. J. Parasitol., 2005, 91, 4: 939]. However to our knowledge prevalence of TF in puppies has never been described. The objective of this survey was to estimate the prevalence of TF in puppies from French breeding kennels.

Fresh voided faecal specimens were prospectively obtained from 239 puppies of 25 different breeding kennels. For each puppy faecal quality was scored using a 5-point numerical scale. Detection of TF was done by culture using a commercially available system "In PouchTM TF test" (BioMed Diagnostics, Oregon USA). The pouches were incubated at room temperature. Cultured samples were evaluated by microscopic examination (40–100 × total magnification) 2 days after incubation for the presence of motile trophozoites. Negative cultures were maintained for 15 days, and reevaluated every 2 days. The occurrence of enteric parasites was examined individually in each faecal specimen. All the samples were examined individually for gastrointestinal nematode eggs, coccidial oocysts, other protozoal cysts, using Telemann technique and quantitative McMaster method. An enzyme-linked immunosorbent assay (ELISA; Prospect® Giardia, Oxoid) was used for the detection of Giardia species antigen.

A mean number of 10 puppies were sampled per kennel (range: 4–19). Prevalence of TF was 17.2% for puppies (41/239) and 20% for the kennels (5/25). Giardia sp, Isospora canis, Isospora ohioensis and Toxocara canis were isolated respectively in 42.7% (102/239), 32.6% (77/236), 10.8% (17/158) and 19% (45/237) of puppies. 31.8% of puppies (76/239) had gastrointestinal troubles. Puppies infected by TF had significantly more digestive problems (10.8% vs 30.6%; $p < 0.001$). Co-infection with TF and Giardia was diagnosed in 13.8% of puppies (33/239).

TF is difficult to distinguish from P. hominis and Giardia spp, but the culture system used in this study did not support growth of this two protozoa. However, the types of trichomonads for which puppies are hosts and the specificity of the culture system with regard to detection of these other types of trichomonads are unknown. An identification of the culture system isolates are in course. The high prevalence of TF can be explained by the age and origin of dogs (puppies from kennels).

TF infected breeding kennels are common and contain a significantly larger number of puppies with diarrhea.

0108 – ESCG – UNTERER
TREATMENT OF HAEMORRHAGIC GASTROENTERITIS IN DOGS WITH AMOXICILLIN/CLAVULANIC ACID - A CLINICAL TREATMENT STUDY. Stefan Unterer, Katrin Strohmeyer, Carola Sauter-Louis, Katrin Hartmann. LMU University of Munich, MUNICH, Germany

Haemorrhagic gastroenteritis (HGE) is a syndrome of unknown aetiology characterized by acute onset of bloody diarrhoea typically associated with severe haemoconcentration. In addition to intravenous fluid therapy, the administration of parenteral antibiotics is recommended routinely based on the hypothesis of a potential bacterial aetiology and the risk of mucosal translocation of intestinal flora. However, inappropriate usage of antibiotics may cause disruption of protective intestinal bacteria, postantibiotic salmonellosis, Clostridium difficile-associated diarrhea, and antibiotic resistance. Thus, the aim of this prospective, placebo-controlled blinded study was to evaluate whether treatment with amoxicillin/clavulanic acid improves the clinical course and outcome of HGE in dogs.

Sixty dogs that presented to the Clinic of Small Animal Medicine of the University of Munich with acute haemorrhagic diarrhoea (< 3 days) were randomly assigned to either the treatment (amoxicillin/clavulanic acid for 7 days) or placebo group. Patients pre-treated with antibiotics, potential signs of sepsis (rectal temperature > 39.5°C, white blood cell count < 4 or > 25 × 10 E9/l, banded neutrophils > 1.5 × 10 E9/l), or diagnosed with any disease associated with bloody diarrhoea (e. g., intoxication, endoparasites, parvovirosis, foreign bodies, pancreatitis) were excluded from the study. To evaluate treatment efficacy, the treatment and control group were compared in respect to severity of clinical signs, duration of hospitalisation, and mortality rate. Clinical course of disease was assessed daily by a blinded clinician using a specifically developed HGE activity index that included the parameters general condition, appetite, vomiting, frequency of defecation, consistency of faeces, and dehydration.

Of 60 dogs, 53 dogs completed the study. No significant difference between treatment groups was observed concerning severity of clinical signs based on the HGE index, either on any individual day or over the whole course of disease. In addition, no difference in duration of hospitalisation (mean duration: treatment group 3.3 days, placebo group 3.5 days), study drop-outs, or mortality rate could be detected. Side effects of antibiotic therapy were not observed.

The results of this study suggest that there is no benefit in treating HGE with amoxicillin/clavulanic acid in dogs without signs of sepsis. Since ruling out an enteric bacterial infection is challenging, and bacterial translocation is a potentially life-threatening complication in any patient, dogs with acute bloody diarrhoea of unknown cause still should be monitored very closely. The administration of amoxicillin/clavulanic acid was not associated with obvious side effects. However, the development of bacterial resistance following antibiotics treatment was not addressed in this study.

0109 – ESCG – MANDIGERS
A RANDOMISED POSITIVE-CONTROLLED FIELD TRIAL OF A HYDROLYSED PROTEIN DIET IN DOGS WITH CHRONIC ENTEROPATHY. Paul J.J. Mandigers[1], Vincent Biourge[2], Nienke Ankringa[3], Ted S. van den Ingh[4], Alexander J. German[5]. [1]Department of Clinical Sciences of Companion Animals, Utrecht University, Netherlands,, [2]Royal Canin, Aimargues, France, [3]Department of Veterinary Pathology, Utrecht University, Netherlands, [4]TCCI Consultancy BV, Utrecht, The Netherlands, [5]School of Veterinary Science, University of Liverpool, UK

Dietary management is important for treating canine chronic enteropathies, traditionally using single-source protein diets.

Résumé des presentations affichées

ECVIM congress 2011, Seville, Espagne

Development of a new fecal scoring system in puppies

Aurélien Grellet, Alexandre Feugier

In dog, literature relating the effect of growth to faeces quality is minimal and no study had defined a poor fecal score in puppy. So the aim of the study to evaluate the effects of age and breed size on the fecal score and to define threshold of poor fecal score in puppies.

177 puppies from a large breeding kennel were included. Each week, puppies between 4 and 8 weeks of age were observed and feces quality was evaluated by a single operator (AG). For this a 13 points fecal scale, based on the texture and shape of the feces (from liquid to hard and dry), was used. Puppies were weighed once weekly. The effects of age, size and the interaction between them were evaluated with the catmod procedure of SAS. A poor fecal score was defined as a fecal score associated with an impairment of the daily weight gain. The highest fecal score impacting significantly the growth rate ($P \leq 0.05$) was proposed to be the cut-off point. For the determination of threshold an analysis of variance was done (PROC GLM, SAS Institute).

The proportion of feces with a score ≥ 8 was affected by age ($p = 0.023$) and breed size ($p = 0.006$). A significant interaction ($p = 0.047$) between age and breed size on this proportion was observed. Fecal score of small breed puppies increased with age whereas no effect was observed in large breed puppies. The proportion of fecal score > 8 was higher in small breed at 6-8 weeks old compared to large breed at 6-8 weeks old. Whereas no difference between breed size for 4-5 weeks was observed. For large breed dogs a fecal score ≤ 5 was defined as poor. A fecal score ≤ 6 and ≤ 7 was defined as poor in small breed puppies at respectively 4 to 5 and 6 to 8 weeks of age. Using these cuts-off, the proportion of non pathologic feces was checked to be affected neither by age nor by breed size.

The present study proposes for the first time an objective definition of a poor fecal score based on an impairment of the daily weight gain which permits to include age and breed size factors. This fecal scoring system could be a new indicator to compare the effect of intestinal pathogens on fecal quality whatever the age and breed size of puppies.

Validation of a fecal scoring scale in puppies during the weaning period

Grellet A[1], Feugier A[1], Chastant S[2], Carrez B, Grandjean D[3]

1: Royal Canin Research Center, Aimargues France, (aurelien.grellet@royal-canin.fr)
2: Ecole Nationale Vétérinaire de Toulouse, Toulouse, France
3: Ecole Nationale Vétérinaire d'Alfort, UMES, Maisons-Alfort, France

Introduction

In dogs, fecal changes are the signs of the presence of digestive pathogens (bacteria, virus, parasites) and indicators of nutritional and environmental stress. Various fecal scales were proposed for adult dogs. They are divided in 4 to 10 points, lower grades representing either dry feces or diarrhea, and the optimal fecal score varying from 2 to 7.5. Very little information is available about the relationship between feces quality and growth performance. Moreover, scoring systems used in adult dogs are difficult to apply on young puppies because of a significantly lower fecal quality before the weaning period. However no study has defined an abnormal fecal score during the weaning period.

The objectives of this study was thus to define the threshold of pathological fecal score in puppies, determined by an impact on the average daily gain.

Materials and methods

154 puppies (75 males and 79 females, from 46 litters) between 6 and 8 weeks old were included in the study. Depending on the mean adult body weight of their respective breed, dogs were divided into 2 groups. Small breed dogs included breeds with a mean adult body weight < 10 kg and large breed dogs included breeds with a mean adult body weight > 25 kg. 100 small breed puppies and 54 large breed puppies were enrolled. Within one litter, puppies were identified by wool collars of various colors.

Puppies were weighted every 7-8 days using calibrated electronic scales. The average daily gain (ADG) (g/d) was calculated each week for each puppy as: (weight of week (n) – weight of week (n-1)) / 7. Puppies were observed every 7-8 days during 6 hours. Just after a spontaneous defecation, each stool was scored by a single operator (AG) using a 13 points fecal scale, based on the texture and shape of the feces (from liquid to hard and dry) (Table 1).

For the determination of threshold for pathological fecal score, a comparison of weight gain above and below each fecal score was performed with an analysis of variance (PROC GLM, SAS Institute, Cary, NC, USA).

Fecal score	Visual aspect	Description of the feces	Fecal score	Visual aspect	Description of the feces
1		Feces completely liquid	8		Formed stools but very soft. Cylindrical shaped feces with presence of stria (1)
2		Liquid feces associated with soft feces (soft feces do not represent the main quantity of feces)	9		Formed stools but very soft. Cylindrical shaped feces separated in pellets
3		Liquid feces associated with soft feces (soft feces represent the main quantity of feces)	10		Formed, drier but not hard feces. Cylindrical shaped feces, slightly tacky to the touch, separated in pellets
4		Pasty feces with no shape	11		Formed, drier but not hard feces. Cylindrical shaped feces, dry appearance, separated in pellets, can be easily crushed out of shape
5		Pasty unformed feces visualisation of the apparition of a cylindrical shaped (1) which has not kept its shape due to the high humidity	12		Formed, drier but not hard feces. Cylindrical shaped feces, dry appearance, separated in pellets, can be crushed out of shape with a moderate difficulty
6		Feces mainly unformed (1) but with a part which is formed (2)	13		Formed, dry and hard feces

Table 1: Fecal scale for the evaluation of the quality of feces in weaning puppies

Results

Breed size effect on feces quality: Over the whole study, a median fecal score of 8 was obtained (range 1 to 11). The proportion of feces with a score ≥ 8 was affected by breed size (p < 0.001). Small breeds had a higher proportion of feces with a score ≥ 8 compared to large breeds (68 % vs 34 % respectively) (fig 1).

Determination of a threshold for pathological fecal score:
The pathological fecal score threshold was defined as the highest score associated with a significant reduction in average daily gain (ADG). ADG was significantly decreased when fecal score was 7 or less in small breed puppies, whereas the threshold was of 5 in large breeds (table 2, fig 2).
With these thresholds, 29.4% (60/204) of the feces were classified as abnormal; this proportion did not differ according to the breed size (31 % for small breed puppies vs 27 % for large breeds; p = 0.210).

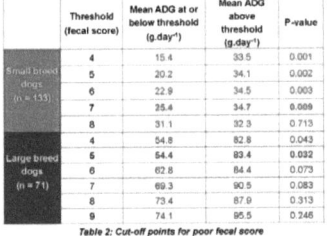

	Threshold (fecal score)	Mean ADG at or below threshold (g.day⁻¹)	Mean ADG above threshold (g.day⁻¹)	P-value
Small breed dogs (n = 133)	4	15.4	33.5	0.001
	5	20.2	34.1	0.002
	6	22.9	34.5	0.003
	7	25.4	34.7	0.009
	8	31.1	32.3	0.713
Large breed dogs (n = 71)	4	54.8	82.8	0.043
	5	54.4	83.4	0.032
	6	62.8	84.4	0.073
	7	69.3	90.5	0.083
	8	73.4	87.9	0.313
	9	74.1	95.5	0.246

Table 2: Cut-off points for poor fecal score

Figure 1: Feces quality depending on the breed size of the dog (n = 204)

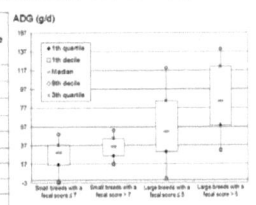

Figure 2: ADG of small and large breed puppies between 6 and 8 weeks of age depending of their fecal score

Discussion

Until now no study has objectively define what an abnormal feces is during the weaning period. This work propose a fecal scoring scale and provide an objective definition of an abnormal fecal score, based on a reduction of the ADG. An effect of breed size on the fecal score was observed. Large breed puppies had more frequently soft and unformed feces. Such effect of breed size has already been described in adult dogs. **Two distinct pathological thresholds** were determined for small and large breeds, respectively **7 for small breeds** (adult weight < 10 kg) and **5 for large breeds** (adult weight > 20 kg). This objective definition of abnormal fecal score allows controlling effect of breeding size.

Conclusion

A new fecal score controlling effects of breed size was developed. This new fecal score associated with the objective fecal score thresholds could be used in multicentre study in order to define infectious and environmental risk factor of pathologic feces in puppies during the weaning period.

ICOPA 2010, Melbourne, Australia

Tritrichomonas foetus infection in puppies: prevalence and impact on weaning diarrhoea

A. Grellet[1], A. Feugier[2], C. Boogaerts[1], G. Casseleux[2], V. Biourge[2], J. Guillot[1], D. Grandjean[1], B. Polack[1]

[1]*Ecole Nationale Vétérinaire d'Alfort, Maisons Alfort, France*
[2]*Royal Canin, Aimargues, France*

In recent years *Tritrichomonas foetus* (TF) has been reported as a naturally occurring pathogen of the large intestine of domestic cats. Both natural and experimental infections in cats with TF have been associated with large bowel intestinal diarrhea. This protozoa has already been identified in young puppies with diarrhea[1], however to our knowledge prevalence of TF in puppies has never been described. TF has been also identified in human with pneumonia[2]. The objective of this survey was to estimate the prevalence of TF in puppies from French breeding kennels

Fresh voided faecal specimens were prospectively obtained from 239 puppies of 25 different breeding kennels. A mean number of 10 puppies were sampled per kennel (range: 4–19). For each puppy faecal quality was scored using a 5-point numerical scale. Detection of TF was done by culture using a commercially available system "In PouchTM TF test" (BioMed Diagnostics, Oregon USA). The culture system didn't support growth of *Pentatrichomonas hominis* which is also found is dog feces. The pouches were incubated at room temperature. Cultured samples were evaluated by microscopic examination twice a week for 15 days by observation of motile trophozoites.

Prevalence of TF was 17.2 % for puppies (41/239) and 20 % for the kennels (5/25). 31.8 % of puppies (76/239) had gastrointestinal troubles. Puppies infected by TF had significantly more digestive problems (10.8 % vs 30.6 %; $p < 0,001$). The high prevalence of TF can be explained by the age and origin of dogs (puppies from kennels). A molecular identification of the culture system isolates is in course.

(1) Gookin JL et al. - Molecular characterization of trichomonads from feces of dogs with diarrhea. J. Parasitol., 2005, 91: 939-43

(2) Duboucher C et al. - Molecular Identification of Tritrichomonas foetus-Like Organisms as Coinfecting Agents of Human Pneumocystis Pneumonia. J Clin Microbiol. 2006, 44: 1165-8

Tritrichomonas foetus infection in puppies: prevalence and impact on weaning diarrhea

Grellet A[1], Feugier A[2], Boogaerts C[1], Casseleux G[2], Biourge V[2], Guillot J[1], Grandjean D[1], Polack B[1]

1 Ecole Nationale Vétérinaire d'Alfort, Maisons-Alfort, France. agrellet@vet-alfort.fr
2 Royal Canin, Aimargues, France

INTRODUCTION

Trichomonads are obligate protozoan symbionts found in vertebrates. Both commensal and pathogenic species of trichomonads exist. *Tritrichomonas foetus* (TF) has been reported as a naturally occurring pathogen of the large intestine of domestic cats. Both natural and experimental infections in cats with TF have been associated with large bowel intestinal diarrhea. *Tritrichomonas foetus* and *Pentatrichomonas hominis* have already been identified in young puppies with diarrhea [1], however to our knowledge prevalence of *Tritrichomonas foetus* in puppies has never been evaluated and the implication of this parasite in puppies weaning diarrhea is unknown. The objective of this survey was to estimate the prevalence of *Tritrichomonas foetus* in puppies from French breeding kennels.

MATERIALS AND METHODS

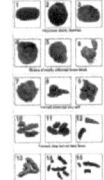

Faecal samples were collected prospectively from 239 puppies (4 to 13 weeks of age) from 25 French breeding kennels.

For each puppy the fecal consistency was scored using a 15-point numerical scale (1 = liquide feces, 15 = hard feces, constipation) (Fig 1).

Detection of TF was done by culture using a commercially available system "In PouchTM TF test" (BioMed Diagnostics, Oregon USA). The medium in InPouch does not support the growth of *Pentatrichomonas hominis* which is also found in dog feces. The pouches were incubated at room temperature. Cultured samples were evaluated by microscopic examination twice a week for 15 days by observation of motile trophozoites (Fig 2).

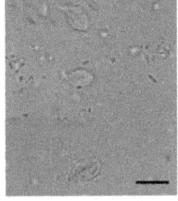

Fig 2: Motile trophozoites observed in the « In PouchTM TF test »

RESULTS

Fig 1: Fecal scoring system for puppies

Prevalence of TF was 17.2% for puppies (41/239) and 20% for the kennels (5/25). Prevalence was higher in young puppies (5-6 weeks) than in older puppies (Fig 3).

31.8% of puppies (76/239) had gastrointestinal troubles. Puppies infected by TF had significantly more digestive problems (10.8% vs 30.6%; p < 0.001) (Fig 4).

Single-tube nested PCR assay were performed as already described [2]. Five fecal samples identified positive for TF via culture techniques were used. This test revealed positive results for TF in 3 of 5 puppies (Fig 5)

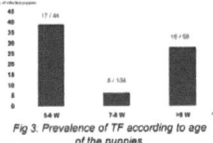

Fig 3. Prevalence of TF according to age of the puppies

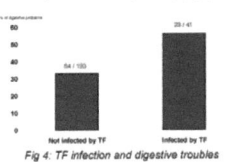

Fig 4: TF infection and digestive troubles

Fig 5: Analysis of single-tube nested PCR amplification products with primers TFR3 and TFR4 and primers TFITS-F and TFITS-R by 1.5 % agarose gel electrophoresis

DISCUSSION

• In cats with clinical signs of diarrhea, a definitive diagnosis of *T. foetus* infection is based on PCR amplification of *T. foetus* rRNA genes from fecal DNA extracts. In many instances however, TF infection is presumptively diagnosed by microscopic observation of trichomonads in fecal culture in specialized media. The medium in InPouch does not support the growth of *Giardia* spp. or *Pentatrichomonas hominis* so presence of organisms is consistent with *T. foetus*. However in your study, all the nested PCR did not yield a positive result for TF suggesting the presence of other trichomonads. Trichomonads other than *P. hominis* have been recognized in the gastrointestinal tract of many species including nonhuman primates, pigs, horses, dogs, and cattle. The molecular characterization of the trichomonads observed in our study is in course.

• The high prevalence of trichomonads in your study can be explained by origin (breeding kennels) and age of the dogs (puppies between 5 and 13 weeks). Previously reported ages of dogs with trichomoniasis and diarrhea ranged from 7 weeks to 6 months. In one study, 34 puppies that were experimentally infected with canine isolates of trichomonads spontaneously cleared infection after 35 days and became resistant to reinfection thereafter, suggesting the possibility of acquired immunity.

• In our study, there was a positive correlation between the presence of trichomonads and the presence digestive troubles. This correlation could be attributed to opportunistic overgrowth of a trichomonad or could be attributed to the pathogenicity of the parasite.

CONCLUSION

This study reports a high prevalence of trichomonads in puppies. TF was observed in some cases however other trichomonads have been observed. The clear identification of these trichomonads is in course. Other studies are required in order to determine whether there is any prognostic significance to the identity of trichomonads and whether trichomoniasis contributed directly to diarrhea.

1. Gookin JL et al. - Molecular characterization of trichomonads from feces of dogs with diarrhea. *J. Parasitol.*, 2005, 91: 939-43
2. Gookin JL, et al. Single-tube nested PCR for detection of *Tritrichomonas foetus* in feline feces. *J Clin Microbiol* 2002;40:4126–30

Calprotectin excretion in puppies with and without coccidiosis

A. Grellet[1], R. M. Heilmann[2], J. S. Suchodolski[2], A. Feugier[3], G. Casseleux[3], V. Biourge[3], J. Guillot[1], D. Grandjean[1], J. M. Steiner[2], B. Polack[1]

[1]*Ecole Nationale Vétérinaire d'Alfort, Maisons Alfort, France*

[2]*College of Veterinary Medicine, Texas A&M University, College Station, Texas, United States*

[3]*Royal Canin, Aimargues, France*

Calprotectin (CP) is a heterodimeric protein complex abundant in neutrophils and macrophages. To screen patients prior to more invasive investigations, several noninvasive markers have been suggested in human patients with inflammatory gastrointestinal conditions. The concentration of faecal CP has been shown to be a useful marker for organic disease being higher in patients with inflammatory bowel disease than in healthy controls. In dogs a radioimmunoassay for the quantification of canine calprotectin (cCP) has recently been developed for faecal samples. The assay was described as sensitive, linear, accurate, precise, and reproducible[1]. To our knowledge faecal cCP concentrations have only been described in healthy adult dogs. This study aims at investigating faecal cCP in puppies with and without coccidiosis.

Faecal samples were collected prospectively from 271 puppies (4 to10 weeks of age). For each puppy the faecal consistency was scored using a 5-point numerical scale, cCP was measured as described previously, and coprological examination were made by McMaster method with Saturated magnesium sulphate. Data were not normally distributed. Non parametric tests were used according to the number of groups considered (Mann-Whitney U test). Groups differed significantly for a P-value < 0.05.

Faecal calprotectin concentration differed significantly between puppies younger and older than 8 weeks (21.32 vs 6.47 µg/g; P<0.001). 19.8 % of puppies had normal faecal consistency. 31.3 % of puppies were heavily infected by *Isopora* sp. (more than 1000 oocysts/g of faeces). An infection by *Isospora* sp. induced significantly higher levels of cCP in puppies (22.63 vs 11.35 µg/g P < 0.001). However the concentration of faecal cCP was not influenced by the species of *Isospora* isolated.

Our study revealed the age dependent characteristic of cCP as observed in children[2]. The higher concentrations of cCP observed in younger puppies may be linked to a higher permeability of the intestinal mucosa or might also be associated with the presence of milk in the regime. The higher cCP concentrations in puppies infected by *Isospora* sp. could be explained by the inflammatory response to the protist. This hypothesis needs to be confirmed by biopsies. Further research into the clinical usefulness of the measurement of faecal cCP concentrations in dogs with histologically confirmed inflammatory conditions are warranted and are being conducted.

(1) Heilmann RM et al. - Development and analytic validation of a radioimmunoassay for the quantification of canine calprotectin in serum and feces from dogs. Am J Vet Res, 2008, 69: 845-53

(2) Rugtveit J & Fagerhol MK - Age-dependent variations in fecal calprotectin concentrations in children. J Pediatr Gastroenterol Nutr, 2002 34:323

Calprotectin excretion in puppies with and without coccidiosis

Grellet A[1], Heilmann RM[2], J. S. Suchodolski JS[2], Feugier A[3], Casseleux G[3], Guillot J[1], Grandjean D[1], Steiner JM[2], Polack B[1]

1 Ecole Nationale Vétérinaire d'Alfort, Maisons-Alfort, France. agrellet@vet-alfort.fr
2 College of Veterinary Medicine, Texas A&M University, College Station, Texas, USA
3 Royal Canin, Aimargues, France

INTRODUCTION

Calprotectin (CP) is a heterodimeric protein complex abundant in neutrophils and macrophages. CP is contained in infiltrating myelomonocytic cells at sites of inflammation, where it is actively or passively released into the extracellular space as a result of cell disintegration. To screen patients prior to more invasive investigations, several noninvasive markers have been suggested in human patients with inflammatory gastrointestinal conditions. The concentration of fecal CP has been shown to be a useful marker for organic disease being higher in patients with inflammatory bowel disease than in healthy controls.

In dogs a radioimmunoassay for the quantification of canine calprotectin (cCP) has recently been developed for fecal samples. The assay was described as sensitive, linear, accurate, precise, and reproducible [1]. To our knowledge fecal cCP concentrations have only been described in healthy adult dogs. This study aims at investigating fecal cCP in puppies with and without coccidiosis at weaning.

MATERIALS AND METHODS

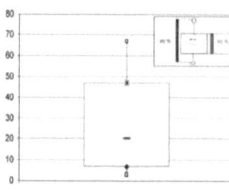

Fig 1: Fecal cCP from 31 healthy adults dogs (adaptated from [1])

Faecal samples were collected prospectively from 271 puppies (4 to 13 weeks of age) from 32 French breeding kennels (Fig 2).

For each puppy the fecal consistency was scored using a 15-point numerical scale (1 = liquide feces, 15 hard feces, constipation) (Fig 3).

cCP was measured as described previously [1] and coprological examination were made by McMaster method with saturated magnesium sulphate. Data were not normally distributed. Non parametric tests were used according to the number of groups considered (Kruskal Wallis test or Mann-Whitney U test). Groups differed significantly for a P-value < 0.05. Data are shown in the test as medians.

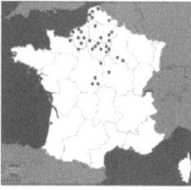

Fig 2: Repartition of the different breeding kennels included in the study

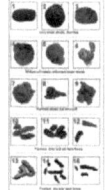

Fig 3: Fecal scoring system for puppies

RESULTS

• **Coccidia excretion**

42.9 % (117/273) were infected by *Isospora* sp, 31.3 % were heavily infected (more than 1000 oocysts/g of faeces).

I. canis and *I. ohioensis* were statistically more excreted by puppies aged between respectively 5 to 6 and 7 to 8 weeks olds (Fig 4 and 5).

19.8 % of puppies had normal faecal consistency. An association between *I. canis* and presence of digestive troubles was observed (P = 0.006). However this association was not observed for *I. ohioensis*.

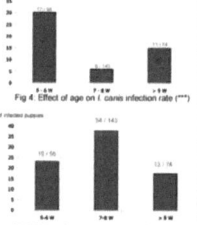

Fig 4: Effect of age on *I. canis* infection rate (***)
Fig 5: Effect of age on *I. ohioensis* infection rate (**)
Fig 6: Effect of *I. canis* on puppies digestive troubles 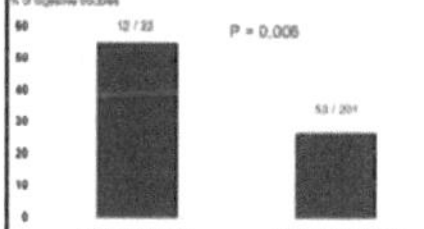

• **Fecal cCP excretion**

Faecal calprotectin concentration differed significantly between puppies younger and older than 8 weeks (18.56 vs 6.47 µg/g, P<0.001) (Fig 7).

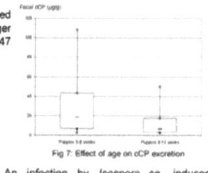

Fig 7: Effect of age on cCP excretion

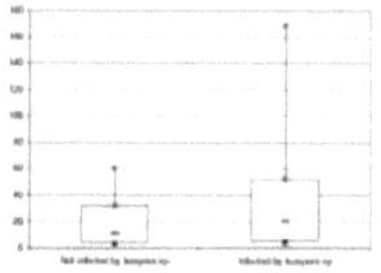

An infection by *Isospora* sp. induced significantly higher levels of cCP in puppies (22.63 vs 11.35 µg/g P < 0.001) (Fig 8). However the concentration of faecal cCP was not influenced by the species of *Isospora* detected.

Fig 8: Effect of *Isospora* sp infection on fecal cCP

DISCUSSION

Our study revealed the age-dependent characteristic of cCP as observed in children [2]. The higher concentrations of cCP observed in younger puppies may be linked to a higher permeability of the intestinal mucosa or might also be associated with the presence of milk in the regime. The higher cCP concentrations in puppies infected by *Isospora* sp. could be explained by the inflammatory response to the parasite. This hypothesis needs to be confirmed by histological examination.

CONCLUSION

I. canis and *I. ohioensis* infections occur at different periods of age. Fecal calprotectin could be an interesting marker in order to evaluated the effect of this protist on the intestinal mucosa. However more study on fecal cCP must be conducted in order to confirm these observations.

1. Heilmann RM et al. Development and analytic validation of a radioimmunoassay for the quantification of canine calprotectin in serum and feces from dogs. Am. J. Vet. Res. 2008, 69, 7 : 845-853
2. Rugtveit J & Fagerhol MK - Age-dependent variations in fecal calprotectin concentrations in children. J Pediatr Gastroenterol Nutr, 2002 34:323

PREVALENCE AND PATHOGENICITY OF CANINE ENTERIC CORONAVIRUS IN PUPPIES FROM FRENCH BREEDING KENNELS

Aurélien Grellet, Cassandre Boogaerts, Corine Boucraut-Baralon, Grégory Casseleux, Mickael Weber, Vincent Biourge, Dominique Grandjean
ENVA, Alfort Veterinary College
UMES (Unity of medicine for dog breeding and sport)
Paris, France
agrellet@vet-alfort.fr

Introduction
Canine coronavirus is commonly detected in dogs with gastrointestinal disease. Prevalence of this virus seems to depend on age of dogs investigated, as well as environmental factors. However few data are available concerning the prevalence of coronavirus infection in puppies with and without enteric disease. The present study was conducted to evaluate the prevalence and the pathogenicity of coronavirus in puppies from French breeding kennels.

Materials and methods
Faecal samples were collected prospectively from 316 puppies of 32 breeding kennels and screened for canine coronavirus using real-time PCR. Puppies' age, gender, breed, and the number of dogs in the kennel were recorded. For each puppy the faecal quality was scored using a 5-point numerical scale.

Results
A mean number of 10 puppies were sampled per kennel (range: 4–19). 30 % of puppies had gastrointestinal troubles. The prevalence of coronavirus infection was 53 % among the puppies and 85 % among the kennels. The virus was isolated in 54 and 52 % of puppies respectively with and without gastrointestinal problems. No significant association was detected between the level of excretion and incidence of digestive problem.

Discussion
Coronavirus is cited as a diarrheic agent in dogs, however no significant association was detected between coronavirus shedding and gastrointestinal problem in our study. This observation is in accordance with some studies [1]. This lack of association can be explained by the circulation of different strains with different levels of pathogenicity or the necessity of an association between the virus and other pathogens (parvovirus, giardia,...) to induce clinical signs.

Referneces
1. Schulz BS et al. Comparison of the prevalence of enteric viruses in healthy dogs and those with acute haemorrhagic diarrhoea by electron microscopy. Journal of Small Animal Practice, 2008, 49 : 84-88.

Canine enteric coronavirus
Prevalence and pathogenicity in puppies from French breeding kennels

A. Grellet [1], C. Boogaerts [1], C. Boucraut-Baralon [2], G. Casseleux [3], C. Robin [1], M. Weber [3], V. Biourge [3], D. Grandjean [1]

1 : Alfort National Veterinary College, 94700 Maisons-Alfort (Paris), France. agrellet@vet-alfort.fr
2 : Scanelis, Laboratoire d'analyses vétérinaire, 31771 Colomiers, France
3 : Royal Canin, Centre de recherche et développement, 30470 Aimargues, France

INTRODUCTION

Canine coronavirus (CECoV) is commonly detected in dogs with gastrointestinal disease. Prevalence of this virus seems to depend on age of dogs investigated, as well as environmental factors.

A range of methodologies has been used to assess the prevalence of this virus in different dog populations. Seroprevalence range between 16 % and 94 %, with kennelled dogs tending to show a higher prevalence. In diarrheic dogs the prevalence of CECoV by RT-PCR has been reported to range from 15 % to 42 % in pet dogs and up to 73 % in kennelled dogs. However few data are available concerning the prevalence of coronavirus infection in puppies with and without weaning diarrhea.

The present study was conducted to evaluate the prevalence and the pathogenicity of coronavirus in puppies from French breeding kennels.

MATERIAL AND METHODS

Faecal samples were collected prospectively from 318 puppies of 32 breeding kennels and screened for canine coronavirus using real-time PCR. Puppies' age, breed, and the number of dogs in the kennel were recorded. For each puppy the faecal quality was scored using a 4-point numerical scale.

FECAL SCORE

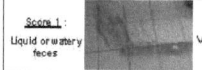

Score 1 : Liquid or watery feces
Score 2 : Very soft unformed feces
Score 3 : Very soft moderately formed feces
Score 4 : Well-formed feces

RESULTS

Infection of the puppies by the canine coronavirus

A mean number of 10 puppies were sampled per kennel (range: 4–19). The prevalence of coronavirus infection was 53 % among the puppies. 30 % of puppies had gastrointestinal troubles. The virus was isolated in 64 and 52 % of puppies respectively with and without gastrointestinal problems. No significant association was detected between the level of excretion and incidence of digestive problem.

Circulation of the canine coronavirus in the breeding kennels

The prevalence of coronavirus infection was 85 % among the kennels. In the infected kennels the mean rate of infected puppies was 59 %.

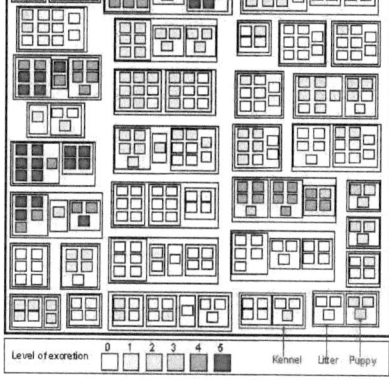

Excretion of the CECoV in the different kennels

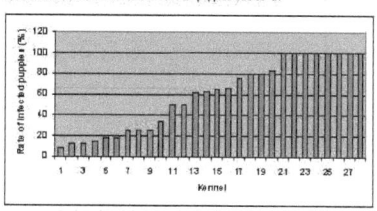

Rate of infected puppies in kennels with a CECoV circulation

24 % of puppies (15/62) had gastrointestinal problems in kennels with an importante circulation of CECoV.

46 % of puppies had gastrointestinal problems in the kennels with a low circulation of CECoV.

DISCUSSION

Prevalence of the canine coronavirus

The prevalence of coronavirus infection was 53 % among the puppies and 85 % among the kennels. These high prevalence can be explained by the age of dogs included in this study (young dogs), the environment (breeding kennel) and the test used for the detection (Rt-PCR). Indeed prevalence of coronavirus tend to be higher in kennels, furthermore Rt-PCR is a technic more sensitive than virus isolation, which can only detect type II CECoV, or electron microscopy.

Impact of the canine coronavirus in the weaning diarrhea

Coronavirus is cited as a diarrheic agent in dogs, however no significant association was detected between coronavirus shedding and gastrointestinal problem in our study. This observation is in accordance with some studies [1,2]. This lack of association can be explained by:
- The circulation of different strains with different levels of pathogenicity. The clinical significance of the distinction between types I and II CECoV is not clear. Although classic CECoV infection is considered to cause only mild enteric disease, there are several reports where type II CECoV has been associated with more severe haemorrhagic diarrhea and occasional death
- The necessity of an association between the virus and other pathogens (parvovirus, giardia...) to induce clinical signs
- The presence of clinically normal carriers (CECoV can be shed for a variable but potentially long time following infection and clinical resolution. In one natural infection study, one animal was reported to shed CECoV for up to 166 days even though signs of clinical disease only lasted for 10 days post-infection.)
- Implication of other intestinal pathogens (Isospora canis, Isospora ohioensis, Giardia sp, Toxocara canis)
- The non infectious origin of the diarrhea (stress, dietary indiscretion...)

CONCLUSION

In conlusion we have shown that CECoV is circulating at a high prevalence among puppies from breeding kennels. However no significant association was detected between coronavirus shedding and gastrointestinal problem.

References:
1. Schulz BS et al. Comparison of the prevalence of enteric viruses in healthy dogs and those with acute haemorrhagic diarrhoea by electron microscopy. Journal of Small Animal Practice, 2008, 49 : 84-88.
2. Sokolow SH et al. Epidemiologic evaluation of diarrhea in dogs in an animal shelter. Am J Vet Res 2005;66:1018–1024.

Références

1. Fontbonne A. Etude sanitaire de l'élevage canin et félin et controle de la socialisation du chien, 2000;130.
2. Bianciardi P, Papini R, Giuliani G, et al. Prevalence of Giardia antigen in stool samples from dogs and cats. Revue Médecine Vétérinaire 2004;155:417-421.
3. Inpankaew T, Traub R, Thompson RC, et al. Canine parasitic zoonoses in Bangkok temples. Southeast Asian J Trop Med Public Health 2007;38:247-255.
4. Thompson RC. The zoonotic significance and molecular epidemiology of Giardia and giardiasis. Vet Parasitol 2004;126:15-35.
5. Dubey JP, Weisbrode SE, Rogers WA. Canine coccidiosis attributed to an Isospora ohioensis-like organism: a case report. J Am Vet Med Assoc 1978;173:185-191.
6. Oliveira-Sequeira TC, Amarante AF, Ferrari TB, et al. Prevalence of intestinal parasites in dogs from Sao Paulo State, Brazil. Vet Parasitol 2002;103:19-27.
7. Appel MJG. Does canine coronavirus augment the effects of subsequent parvovirus infection ? Veterinary Medicine 1988:360-366.
8. Rosnay D. Le macroscope – Vers une vision globale.: Editions du seuil, 1975.
9. Feugier A. Une méthode alternative de reproduction chez la lapine : un modèle pour une approche systémique du fonctionnement des élevages cunicoles. Institut National Polytechnique de Toulouse. Toulouse, 2006;157.
10. Allenspach K. Clinical immunology and immunopathology of the canine and feline intestine. Vet Clin North Am Small Anim Pract 2011;41:345-360.
11. Gribar SC, Richardson WM, Sodhi CP, et al. No longer an innocent bystander: epithelial toll-like receptor signaling in the development of mucosal inflammation. Mol Med 2008;14:645-659.
12. Abreu MT. Toll-like receptor signalling in the intestinal epithelium: how bacterial recognition shapes intestinal function. Nat Rev Immunol 2010;10:131-144.
13. Snoeck V, Peters IR, Cox E. The IgA system: a comparison of structure and function in different species. Vet Res 2006;37:455-467.
14. Jergens AE, Moore FM, Haynes JS, et al. Idiopathic inflammatory bowel disease in dogs and cats: 84 cases (1987-1990). J Am Vet Med Assoc 1992;201:1603-1608.
15. Washabau RJ, Day MJ, Willard MD, et al. Endoscopic, biopsy, and histopathologic guidelines for the evaluation of gastrointestinal inflammation in companion animals. J Vet Intern Med 2010;24:10-26.
16. Allenspach K, Wieland B, Grone A, et al. Chronic enteropathies in dogs: evaluation of risk factors for negative outcome. J Vet Intern Med 2007;21:700-708.
17. Im Hof M, Schnyder M, Hartnack S, et al. Urinary leukotriene e4 concentrations as a potential marker of inflammation in dogs with inflammatory bowel disease. J Vet Intern Med 2012;26:269-274.
18. Foell D, Wittkowski H, Roth J. Monitoring disease activity by stool analyses: from occult blood to molecular markers of intestinal inflammation and damage. Gut 2009;58:859-868.
19. Fiocchi C. Inflammatory bowel disease: etiology and pathogenesis. Gastroenterology 1998;115:182-205.
20. German AJ, Hall EJ, Day MJ. Chronic intestinal inflammation and intestinal disease in dogs. J Vet Intern Med 2003;17:8-20.
21. Mansfield CS, James FE, Craven M, et al. Remission of histiocytic ulcerative colitis in Boxer dogs correlates with eradication of invasive intramucosal Escherichia coli. J Vet Intern Med 2009;23:964-969.

22. Fogle JE, Bissett SA. Mucosal immunity and chronic idiopathic enteropathies in dogs. Compend Contin Educ Vet 2007;29:290-302; quiz 306.
23. Vaden SL, Sellon RK, Melgarejo LT, et al. Evaluation of intestinal permeability and gluten sensitivity in Soft-Coated Wheaten Terriers with familial protein-losing enteropathy, protein-losing nephropathy, or both. Am J Vet Res 2000;61:518-524.
24. Vaden SL, Hammerberg B, Davenport DJ, et al. Food hypersensitivity reactions in Soft Coated Wheaten Terriers with protein-losing enteropathy or protein-losing nephropathy or both: gastroscopic food sensitivity testing, dietary provocation, and fecal immunoglobulin E. J Vet Intern Med 2000;14:60-67.
25. Kono H, Rock KL. How dying cells alert the immune system to danger. Nat Rev Immunol 2008;8:279-289.
26. Leukert N, Vogl T, Strupat K, et al. Calcium-dependent tetramer formation of S100A8 and S100A9 is essential for biological activity. J Mol Biol 2006;359:961-972.
27. Roth J, Vogl T, Sorg C, et al. Phagocyte-specific S100 proteins: a novel group of proinflammatory molecules. Trends Immunol 2003;24:155-158.
28. Jergens AE, Schreiner CA, Frank DE, et al. A scoring index for disease activity in canine inflammatory bowel disease. J Vet Intern Med 2003;17:291-297.
29. Schreiner NM, Gaschen F, Grone A, et al. Clinical signs, histology, and CD3-positive cells before and after treatment of dogs with chronic enteropathies. J Vet Intern Med 2008;22:1079-1083.
30. Simpson KW, Jergens AE. Pitfalls and progress in the diagnosis and management of canine inflammatory bowel disease. Vet Clin North Am Small Anim Pract 2011;41:381-398.
31. Mandigers PJ, Biourge V, van den Ingh TS, et al. A randomized, open-label, positively-controlled field trial of a hydrolyzed protein diet in dogs with chronic small bowel enteropathy. J Vet Intern Med 2010;24:1350-1357.
32. Day MJ, Bilzer T, Mansell J, et al. Histopathological standards for the diagnosis of gastrointestinal inflammation in endoscopic biopsy samples from the dog and cat: a report from the World Small Animal Veterinary Association Gastrointestinal Standardization Group. J Comp Pathol 2008;138 Suppl 1:S1-43.
33. Janeczko S, Atwater D, Bogel E, et al. The relationship of mucosal bacteria to duodenal histopathology, cytokine mRNA, and clinical disease activity in cats with inflammatory bowel disease. Vet Microbiol 2008;128:178-193.
34. Roth L, Walton AM, Leib MS, et al. A grading system for lymphocytic plasmacytic colitis in dogs. J Vet Diagn Invest 1990;2:257-262.
35. Peterson PB, Willard MD. Protein-losing enteropathies. Vet Clin North Am Small Anim Pract 2003;33:1061-1082.
36. Craven M, Simpson JW, Ridyard AE, et al. Canine inflammatory bowel disease: retrospective analysis of diagnosis and outcome in 80 cases (1995-2002). J Small Anim Pract 2004;45:336-342.
37. Willard MD, Zenger E, Mansell JL. Protein-losing enteropathy associated with cystic mucoid changes in the intestinal crypts of two dogs. J Am Anim Hosp Assoc 2003;39:187-191.
38. Kimmel SE, Waddell LS, Michel KE. Hypomagnesemia and hypocalcemia associated with protein-losing enteropathy in Yorkshire terriers: five cases (1992-1998). J Am Vet Med Assoc 2000;217:703-706.
39. Willard MD, Helman G, Fradkin JM, et al. Intestinal crypt lesions associated with protein-losing enteropathy in the dog. J Vet Intern Med 2000;14:298-307.
40. German AJ, Hall EJ, Day MJ. Immune cell populations within the duodenal mucosa of dogs with enteropathies. J Vet Intern Med 2001;15:14-25.

41. Allenspach K, House A, Smith K, et al. Evaluation of mucosal bacteria and histopathology, clinical disease activity and expression of Toll-like receptors in German shepherd dogs with chronic enteropathies. Vet Microbiol 2010;146:326-335.
42. Burgener IA, Konig A, Allenspach K, et al. Upregulation of toll-like receptors in chronic enteropathies in dogs. J Vet Intern Med 2008;22:553-560.
43. Garcia-Sancho M, Rodriguez-Franco F, Sainz A, et al. Evaluation of clinical, macroscopic, and histopathologic response to treatment in nonhypoproteinemic dogs with lymphocytic-plasmacytic enteritis. J Vet Intern Med 2007;21:11-17.
44. Allenspach K, Steiner JM, Shah BN, et al. Evaluation of gastrointestinal permeability and mucosal absorptive capacity in dogs with chronic enteropathy. Am J Vet Res 2006;67:479-483.
45. Willard MD, Moore GE, Denton BD, et al. Effect of tissue processing on assessment of endoscopic intestinal biopsies in dogs and cats. J Vet Intern Med 2010;24:84-89.
46. Woods KL, Anand BS, Cole RA, et al. Influence of endoscopic biopsy forceps characteristics on tissue specimens: results of a prospective randomized study. Gastrointest Endosc 1999;49:177-183.
47. Danesh BJ, Burke M, Newman J, et al. Comparison of weight, depth, and diagnostic adequacy of specimens obtained with 16 different biopsy forceps designed for upper gastrointestinal endoscopy. Gut 1985;26:227-231.
48. Willard MD, Lovering SL, Cohen ND, et al. Quality of tissue specimens obtained endoscopically from the duodenum of dogs and cats. J Am Vet Med Assoc 2001;219:474-479.
49. Willard MD, Mansell J, Fosgate GT, et al. Effect of sample quality on the sensitivity of endoscopic biopsy for detecting gastric and duodenal lesions in dogs and cats. J Vet Intern Med 2008;22:1084-1089.
50. Casamian-Sorrosal D, Willard MD, Murray JK, et al. Comparison of histopathologic findings in biopsies from the duodenum and ileum of dogs with enteropathy. J Vet Intern Med;24:80-83.
51. Willard MD, Jergens AE, Duncan RB, et al. Interobserver variation among histopathologic evaluations of intestinal tissues from dogs and cats. J Am Vet Med Assoc 2002;220:1177-1182.
52. Willard MD, Bouley D. Cryptosporidiosis, coccidiosis, and total colonic mucosal collapse in an immunosuppressed puppy. J Am Anim Hosp Assoc 1999;35:405-409.
53. Schlemper RJ, Itabashi M, Kato Y, et al. Differences in the diagnostic criteria used by Japenese and Western pathologists to diagnose colorectal carcinoma. Cancer 1998;82:60-69.
54. Allenspach K, Bergman PJ, Sauter S, et al. P-glycoprotein expression in lamina propria lymphocytes of duodenal biopsy samples in dogs with chronic idiopathic enteropathies. J Comp Pathol 2006;134:1-7.
55. Scheinman RI, Cogswell PC, Lofquist AK, et al. Role of transcriptional activation of I kappa B alpha in mediation of immunosuppression by glucocorticoids. Science 1995;270:283-286.
56. Farrell RJ, Murphy A, Long A, et al. High multidrug resistance (P-glycoprotein 170) expression in inflammatory bowel disease patients who fail medical therapy. Gastroenterology 2000;118:279-288.
57. Conrad S, Viertelhaus A, Orzechowski A, et al. Sequencing and tissue distribution of the canine MRP2 gene compared with MRP1 and MDR1. Toxicology 2001;156:81-91.
58. Bjarnason I, MacPherson A, Hollander D. Intestinal permeability: an overview. Gastroenterology 1995;108:1566-1581.

59. Bruet V, Bourdeau P, Bizzarri M, et al. Rapid blood sampling method for measuring intestinal permeability by gas chromatography in dogs. Revue de Médecine Vétérinaire 2008;159:276-281.
60. Hall EJ, Batt RM. Enhanced intestinal permeability to 51Cr-labeled EDTA in dogs with small intestinal disease. J Am Vet Med Assoc 1990;196:91-95.
61. Mohr AJ, Leisewitz AL, Jacobson LS, et al. Effect of early enteral nutrition on intestinal permeability, intestinal protein loss, and outcome in dogs with severe parvoviral enteritis. J Vet Intern Med 2003;17:791-798.
62. Weber MP, Martin LJ, Dumon HJ, et al. Influence of age and body size on intestinal permeability and absorption in healthy dogs. Am J Vet Res 2002;63:1323-1328.
63. Sorensen SH, Proud FJ, Rutgers HC, et al. A blood test for intestinal permeability and function: a new tool for the diagnosis of chronic intestinal disease in dogs. Clin Chim Acta 1997;264:103-115.
64. Davis MS, Willard MD, Williamson KK, et al. Sustained strenuous exercise increases intestinal permeability in racing Alaskan sled dogs. J Vet Intern Med 2005;19:34-39.
65. Randell SC, Hill RC, Scott KC, et al. Intestinal permeability testing using lactulose and rhamnose: a comparison between clinically normal cats and dogs and between dogs of different breeds. Res Vet Sci 2001;71:45-49.
66. Hall EJ, Batt RM. Abnormal permeability precedes the development of a gluten sensitive enteropathy in Irish setter dogs. Gut 1991;32:749-753.
67. Garden OA, Manners HK, Sorensen SH, et al. Intestinal permeability of Irish setter puppies challenged with a controlled oral dose of gluten. Res Vet Sci 1998;65:23-28.
68. Quigg J, Brydon G, Ferguson A, et al. Evaluation of canine small intestinal permeability using the lactulose/rhamnose urinary excretion test. Res Vet Sci 1993;55:326-332.
69. Melgarejo T, Williams DA, Griffith G. Isolation and characterization of alpha 1-protease inhibitor from canine plasma. Am J Vet Res 1996;57:258-263.
70. Abrams WR, Kimbel P, Weinbaum G. Purification and characterization of canine alpha-1-antiproteinase. Biochemistry 1978;17:3556-3561.
71. Murphy KF, German AJ, Ruaux CG, et al. Fecal alpha1-proteinase inhibitor concentration in dogs with chronic gastrointestinal disease. Vet Clin Pathol 2003;32:67-72.
72. Berghoff N, Steiner JM. Laboratory tests for the diagnosis and management of chronic canine and feline enteropathies. Vet Clin North Am Small Anim Pract 2011;41:311-328.
73. Melgarejo T, Williams DA, Asem EK. Enzyme-linked immunosorbent assay for canine alpha 1-protease inhibitor. Am J Vet Res 1998;59:127-130.
74. Heilmann RM, Paddock CG, Ruhnke I, et al. Development and analytical validation of a radioimmunoassay for the measurement of alpha1-proteinase inhibitor concentrations in feces from healthy puppies and adult dogs. J Vet Diagn Invest 2011;23:476-485.
75. Quigley EM, Ross IN, Haeney MR, et al. Reassessment of faecal alpha-1-antitrypsin excretion for use as screening test for intestinal protein loss. J Clin Pathol 1987;40:61-66.
76. Simpson KW, Morton DB, Batt RM. Effect of exocrine pancreatic insufficiency on cobalamin absorption in dogs. Am J Vet Res 1989;50:1233-1236.
77. Batt RM, Horadagoda NU, McLean L, et al. Identification and characterization of a pancreatic intrinsic factor in the dog. Am J Physiol 1989;256:G517-523.
78. Singh VV, Toskes PP. Small bowel bacterial overgrowth: presentation, diagnosis, and treatment. Curr Gastroenterol Rep 2003;5:365-372.
79. Batt RM, Morgan JO. Role of serum folate and vitamin B12 concentrations in the differentiation of small intestinal abnormalities in the dog. Res Vet Sci 1982;32:17-22.
80. Crenn P, Messing B, Cynober L. Citrulline as a biomarker of intestinal failure due to enterocyte mass reduction. Clin Nutr 2008;27:328-339.

81. Wu G, Knabe DA, Flynn NE. Synthesis of citrulline from glutamine in pig enterocytes. Biochem J 1994;299 (Pt 1):115-121.
82. Dechelotte P, Darmaun D, Rongier M, et al. Absorption and metabolic effects of enterally administered glutamine in humans. Am J Physiol 1991;260:G677-682.
83. Dossin O, Rupassara SI, Weng HY, et al. Effect of parvoviral enteritis on plasma citrulline concentration in dogs. J Vet Intern Med 2011;25:215-221.
84. Cynober L, Le boucher J, Vasson M. Arginine metabolism in mammals. J Nutr Biochem 1995:402-413.
85. Osowska S, Moinard C, Neveux N, et al. Citrulline increases arginine pools and restores nitrogen balance after massive intestinal resection. Gut 2004;53:1781-1786.
86. Chang RW, Javid PJ, Oh JT, et al. Serial transverse enteroplasty enhances intestinal function in a model of short bowel syndrome. Ann Surg 2006;243:223-228.
87. Strombeck DR, Rogers Q. Plasma amino acid concentrations in dogs with hepatic disease. J Am Vet Med Assoc 1978;173:93-96.
88. Ceballos I, Chauveau P, Guerin V, et al. Early alterations of plasma free amino acids in chronic renal failure. Clin Chim Acta 1990;188:101-108.
89. McCann TM, Ridyard AE, Else RW, et al. Evaluation of disease activity markers in dogs with idiopathic inflammatory bowel disease. J Small Anim Pract 2007;48:620-625.
90. Braegger CP, Nicholls S, Murch SH, et al. Tumour necrosis factor alpha in stool as a marker of intestinal inflammation. Lancet 1992;339:89-91.
91. Nicholls S, Stephens S, Braegger CP, et al. Cytokines in stools of children with inflammatory bowel disease or infective diarrhoea. J Clin Pathol 1993;46:757-760.
92. Adlerova L, Bartoskova A, Faldyna M. Lactoferrin: a review. Veterinarni Medicina 2008;53:457-468.
93. Walker TR, Land ML, Kartashov A, et al. Fecal lactoferrin is a sensitive and specific marker of disease activity in children and young adults with inflammatory bowel disease. J Pediatr Gastroenterol Nutr 2007;44:414-422.
94. Gisbert JP, Bermejo F, Perez-Calle JL, et al. Fecal calprotectin and lactoferrin for the prediction of inflammatory bowel disease relapse. Inflamm Bowel Dis 2009;15:1190-1198.
95. Joishy M, Davies I, ahmed M, et al. Fecal calprotectin and lactoferrin as non invasive markers of pediatric inflammatory bowel disease. Journal of pediatric gastroenterology and nutrition 2008;48:48-54.
96. Kane SV, Sandborn WJ, Rufo PA, et al. Fecal lactoferrin is a sensitive and specific marker in identifying intestinal inflammation. Am J Gastroenterol 2003;98:1309-1314.
97. Langhorst J, Elsenbruch S, Mueller T, et al. Comparison of 4 neutrophil-derived proteins in feces as indicators of disease activity in ulcerative colitis. Inflamm Bowel Dis 2005;11:1085-1091.
98. D'Inca R, Dal Pont E, Di Leo V, et al. Calprotectin and lactoferrin in the assessment of intestinal inflammation and organic disease. Int J Colorectal Dis 2007;22:429-437.
99. Rouge C, Butel MJ, Piloquet H, et al. Fecal calprotectin excretion in preterm infants during the neonatal period. PLoS One 2010;5:e11083.
100. Fagerberg UL, Loof L, Merzoug RD, et al. Fecal calprotectin levels in healthy children studied with an improved assay. J Pediatr Gastroenterol Nutr 2003;37:468-472.
101. Konikoff MR, Denson LA. Role of fecal calprotectin as a biomarker of intestinal inflammation in inflammatory bowel disease. Inflamm Bowel Dis 2006;12:524-534.
102. van Rheenen PF, Van de Vijver E, Fidler V. Faecal calprotectin for screening of patients with suspected inflammatory bowel disease: diagnostic meta-analysis. BMJ 2010;341:c3369.

103. Jones J, Loftus EV, Jr., Panaccione R, et al. Relationships between disease activity and serum and fecal biomarkers in patients with Crohn's disease. Clin Gastroenterol Hepatol 2008;6:1218-1224.
104. Carroccio A, Iacono G, Cottone M, et al. Diagnostic accuracy of fecal calprotectin assay in distinguishing organic causes of chronic diarrhea from irritable bowel syndrome: a prospective study in adults and children. Clin Chem 2003;49:861-867.
105. Tibble J, Teahon K, Thjodleifsson B, et al. A simple method for assessing intestinal inflammation in Crohn's disease. Gut 2000;47:506-513.
106. Limburg PJ, Ahlquist DA, Sandborn WJ, et al. Fecal calprotectin levels predict colorectal inflammation among patients with chronic diarrhea referred for colonoscopy. Am J Gastroenterol 2000;95:2831-2837.
107. Canani RB, Terrin G, Rapacciuolo L, et al. Faecal calprotectin as reliable non-invasive marker to assess the severity of mucosal inflammation in children with inflammatory bowel disease. Dig Liver Dis 2008;40:547-553.
108. Kolho KL, Raivio T, Lindahl H, et al. Fecal calprotectin remains high during glucocorticoid therapy in children with inflammatory bowel disease. Scand J Gastroenterol 2006;41:720-725.
109. Carroll D, Corfield A, Spicer R, et al. Faecal calprotectin concentrations and diagnosis of necrotising enterocolitis. Lancet 2003;361:310-311.
110. Fagerberg UL, Loof L, Myrdal U, et al. Colorectal inflammation is well predicted by fecal calprotectin in children with gastrointestinal symptoms. J Pediatr Gastroenterol Nutr 2005;40:450-455.
111. Bunn SK, Bisset WM, Main MJ, et al. Fecal calprotectin as a measure of disease activity in childhood inflammatory bowel disease. J Pediatr Gastroenterol Nutr 2001;32:171-177.
112. Bunn SK, Bisset WM, Main MJ, et al. Fecal calprotectin: validation as a noninvasive measure of bowel inflammation in childhood inflammatory bowel disease. J Pediatr Gastroenterol Nutr 2001;33:14-22.
113. Roseth AG, Aadland E, Jahnsen J, et al. Assessment of disease activity in ulcerative colitis by faecal calprotectin, a novel granulocyte marker protein. Digestion 1997;58:176-180.
114. Tibble JA, Sigthorsson G, Bridger S, et al. Surrogate markers of intestinal inflammation are predictive of relapse in patients with inflammatory bowel disease. Gastroenterology 2000;119:15-22.
115. Summerton CB, Longlands MG, Wiener K, et al. Faecal calprotectin: a marker of inflammation throughout the intestinal tract. Eur J Gastroenterol Hepatol 2002;14:841-845.
116. Fagerhol MK. Calprotectin, a faecal marker of organic gastrointestinal abnormality. Lancet 2000;356:1783-1784.
117. Heilmann RM, Suchodolski JS, Steiner JM. Purification and partial characterization of canine calprotectin. Biochimie 2008;90:1306-1315.
118. Heilmann RM, Suchodolski JS, Steiner JM. Development and analytic validation of a radioimmunoassay for the quantification of canine calprotectin in serum and feces from dogs. Am J Vet Res 2008;69:845-853.
119. Heilmann RM, Suchodolski JS, Steiner JM. Purification and partial characterization of canine S100A12. Biochimie 2010;92:1914-1922.
120. Kaiser T, Langhorst J, Wittkowski H, et al. Faecal S100A12 as a non-invasive marker distinguishing inflammatory bowel disease from irritable bowel syndrome. Gut 2007;56:1706-1713.
121. Cray C, Zaias J, Altman NH. Acute phase response in animals: a review. Comp Med 2009;59:517-526.

122. Ceron JJ, Eckersall PD, Martynez-Subiela S. Acute phase proteins in dogs and cats: current knowledge and future perspectives. Vet Clin Pathol 2005;34:85-99.
123. Nakamura M, Takahashi M, Ohno K, et al. C-reactive protein concentration in dogs with various diseases. J Vet Med Sci 2008;70:127-131.
124. Dabrowski R, Wawron W, Kostro K. Changes in CRP, SAA and haptoglobin produced in response to ovariohysterectomy in healthy bitches and those with pyometra. Theriogenology 2007;67:321-327.
125. Ulutas B, Bayramli G, Ulutas PA, et al. Serum concentration of some acute phase proteins in naturally occurring canine babesiosis: a preliminary study. Vet Clin Pathol 2005;34:144-147.
126. Lobetti RG, Mohr AJ, Dippenaar T, et al. A preliminary study on the serum protein response in canine babesiosis. J S Afr Vet Assoc 2000;71:38-42.
127. Yamamoto S, Shida T, Honda M, et al. Serum C-reactive protein and immune responses in dogs inoculated with Bordetella bronchiseptica (phase I cells). Vet Res Commun 1994;18:347-357.
128. Yamamoto S, Miyaji S, Ashida Y, et al. Preparation of anti-canine serum amyloid A (SAA) serum and purification of SAA from canine high-density lipoprotein. Vet Immunol Immunopathol 1994;41:41-53.
129. Shimada T, Ishida Y, Shimizu M, et al. Monitoring C-reactive protein in beagle dogs experimentally inoculated with Ehrlichia canis. Vet Res Commun 2002;26:171-177.
130. Martinez-Subiela S, Tecles F, Eckersall PD, et al. Serum concentrations of acute phase proteins in dogs with leishmaniasis. Vet Rec 2002;150:241-244.
131. Caldin M, Tasca S, Carli E, et al. Serum acute phase protein concentrations in dogs with hyperadrenocorticism with and without concurrent inflammatory conditions. Vet Clin Pathol 2009;38:63-68.
132. Mansfield CS, James FE, Robertson ID. Development of a clinical severity index for dogs with acute pancreatitis. J Am Vet Med Assoc 2008;233:936-944.
133. Yamamoto S, Tagata K, Nagahata H, et al. Isolation of canine C-reactive protein and characterization of its properties. Vet Immunol Immunopathol 1992;30:329-339.
134. Rush JE, Lee ND, Freeman LM, et al. C-reactive protein concentration in dogs with chronic valvular disease. J Vet Intern Med 2006;20:635-639.
135. Ohno K, Yokoyama Y, Nakashima K, et al. C-reactive protein concentration in canine idiopathic polyarthritis. J Vet Med Sci 2006;68:1275-1279.
136. Nielsen L, Toft N, Eckersall PD, et al. Serum C-reactive protein concentration as an indicator of remission status in dogs with multicentric lymphoma. J Vet Intern Med 2007;21:1231-1236.
137. Tecles F, Subiela SM, Petrucci G, et al. Validation of a commercially available human immunoturbidimetric assay for haptoglobin determination in canine serum samples. Vet Res Commun 2007;31:23-36.
138. Kuribayashi T, Shimada T, Matsumoto M, et al. Determination of serum C-reactive protein (CRP) in healthy beagle dogs of various ages and pregnant beagle dogs. Exp Anim 2003;52:387-390.
139. Yamamoto S, Shida T, Okimura T, et al. Determination of C-reactive protein in serum and plasma from healthy dogs and dogs with pneumonia by ELISA and slide reversed passive latex agglutination test. Vet Q 1994;16:74-77.
140. Otabe K, Ito T, Sugimoto T, et al. C-reactive protein (CRP) measurement in canine serum following experimentally-induced acute gastric mucosal injury. Lab Anim 2000;34:434-438.
141. Caspi D, Snel FW, Batt RM, et al. C-reactive protein in dogs. Am J Vet Res 1987;48:919-921.

142. Kumlin M. Measurement of leukotrienes in humans. Am J Respir Crit Care Med 2000;161:S102-106.
143. Kim JH, Tagari P, Griffiths AM, et al. Levels of peptidoleukotriene E4 are elevated in active Crohn's disease. J Pediatr Gastroenterol Nutr 1995;20:403-407.
144. Stanke-Labesque F, Pofelski J, Moreau-Gaudry A, et al. Urinary leukotriene E4 excretion: a biomarker of inflammatory bowel disease activity. Inflamm Bowel Dis 2008;14:769-774.
145. Tagari P, Becker A, Brideau C, et al. Leukotriene generation and metabolism in dogs: inhibition of biosynthesis by MK-0591. J Pharmacol Exp Ther 1993;265:416-425.
146. Collin P, Maki M, Keyrilainen O, et al. Selective IgA deficiency and coeliac disease. Scand J Gastroenterol 1992;27:367-371.
147. Cunningham-Rundles C. Physiology of IgA and IgA deficiency. J Clin Immunol 2001;21:303-309.
148. Peters IR, Calvert EL, Hall EJ, et al. Measurement of immunoglobulin concentrations in the feces of healthy dogs. Clin Diagn Lab Immunol 2004;11:841-848.
149. Matson DO, O'Ryan ML, Herrera I, et al. Fecal antibody responses to symptomatic and asymptomatic rotavirus infections. J Infect Dis 1993;167:577-583.
150. Coulson BS, Grimwood K, Hudson IL, et al. Role of coproantibody in clinical protection of children during reinfection with rotavirus. J Clin Microbiol 1992;30:1678-1684.
151. Langford TD, Housley MP, Boes M, et al. Central importance of immunoglobulin A in host defense against Giardia spp. Infect Immun 2002;70:11-18.
152. Rinkinen M, Teppo AM, Harmoinen J, et al. Relationship between canine mucosal and serum immunoglobulin A (IgA) concentrations: serum IgA does not assess duodenal secretory IgA. Microbiol Immunol 2003;47:155-159.
153. German AJ, Hall EJ, Day MJ. Measurement of IgG, IgM and IgA concentrations in canine serum, saliva, tears and bile. Vet Immunol Immunopathol 1998;64:107-121.
154. Rice JB, Winters KA, Krakowka S, et al. Comparison of systemic and local immunity in dogs with canine parvovirus gastroenteritis. Infect Immun 1982;38:1003-1009.
155. Grewal HM, Karlsen TH, Vetvik H, et al. Measurement of specific IgA in faecal extracts and intestinal lavage fluid for monitoring of mucosal immune responses. J Immunol Methods 2000;239:53-62.
156. Tress U, Suchodolski JS, Williams DA, et al. Development of a fecal sample collection strategy for extraction and quantification of fecal immunoglobulin A in dogs. Am J Vet Res 2006;67:1756-1759.
157. Littler RM, Batt RM, Lloyd DH. Total and relative deficiency of gut mucosal IgA in German shepherd dogs demonstrated by faecal analysis. Vet Rec 2006;158:334-341.
158. Linskens RK, Mallant-Hent RC, Groothuismink ZM, et al. Evaluation of serological markers to differentiate between ulcerative colitis and Crohn's disease: pANCA, ASCA and agglutinating antibodies to anaerobic coccoid rods. Eur J Gastroenterol Hepatol 2002;14:1013-1018.
159. Allenspach K, Luckschander N, Styner M, et al. Evaluation of assays for perinuclear antineutrophilic cytoplasmic antibodies and antibodies to Saccharomyces cerevisiae in dogs with inflammatory bowel disease. Am J Vet Res 2004;65:1279-1283.
160. Nakamura RM, Barry M. Serologic markers in inflammatory bowel disease (IBD). MLO Med Lab Obs 2001;33:8-15; quiz 16-19.
161. Allenspach K, Lomas B, Wieland B, et al. Evaluation of perinuclear anti-neutrophilic cytoplasmic autoantibodies as an early marker of protein-losing enteropathy and protein-losing nephropathy in Soft Coated Wheaten Terriers. Am J Vet Res 2008;69:1301-1304.

162. Luckschander N, Allenspach K, Hall J, et al. Perinuclear antineutrophilic cytoplasmic antibody and response to treatment in diarrheic dogs with food responsive disease or inflammatory bowel disease. J Vet Intern Med 2006;20:221-227.
163. Mancho C, Sainz A, Garcia-Sancho M, et al. Evaluation of perinuclear antineutrophilic cytoplasmic antibodies in sera from dogs with inflammatory bowel disease or intestinal lymphoma. Am J Vet Res 2011;72:1333-1337.
164. Lawler DF. Neonatal and pediatric care of the puppy and kitten. Theriogenology 2008;70:384-392.
165. Stavisky J, Radford AD, Gaskell R, et al. A case-control study of pathogen and lifestyle risk factors for diarrhoea in dogs. Prev Vet Med 2011;99:185-192.
166. Hoelzer K, Parrish CR. The emergence of parvoviruses of carnivores. Vet Res 2010;41:39.
167. Costa F, Mumolo MG, Bellini M, et al. Role of faecal calprotectin as non-invasive marker of intestinal inflammation. Dig Liver Dis 2003;35:642-647.
168. Grellet A, Heilmann RM, Suchodolski JS, et al. Evaluation of canine calprotectin in feces from a large group of puppies European Congress of Veterinary Internal Medicine 2010.
169. Meyer H, Zentek J, Habernoll H, et al. Digestibility and compatibility of mixed diets and faecal consistency in different breeds of dog. Zentralbl Veterinarmed A 1999;46:155-165.
170. Rolfe VE, Adams CA, Butterwick RF, et al. Relationship between faecal character and intestinal transit time in normal dogs and diet-sensitive dogs. J Small Anim Pract 2002;43:290-294.
171. Rolfe VE, Adams CA, Butterwick RE, et al. Relationships between fecal consistency and colonic microstructure and absorptive function in dogs with and without nonspecific dietary sensitivity. Am J Vet Res 2002;63:617-622.
172. Propst EL, Flickinger EA, Bauer LL, et al. A dose-response experiment evaluating the effects of oligofructose and inulin on nutrient digestibility, stool quality, and fecal protein catabolites in healthy adult dogs. J Anim Sci 2003;81:3057-3066.
173. Hernot DC, Dumon HJ, Biourge VC, et al. Evaluation of association between body size and large intestinal transit time in healthy dogs. Am J Vet Res 2006;67:342-347.
174. Hernot DC, Biourge VC, Martin LJ, et al. Relationship between total transit time and faecal quality in adult dogs differing in body size. J Anim Physiol Anim Nutr (Berl) 2005;89:189-193.
175. Weber M, Stambouli F, Martin L, et al. Gastrointestinal transit of solid radiopaque markers in large and giant breed growing dogs. J Anim Physiol Anim Nutr (Berl) 2001;85:242-250.
176. Weber MP, Stambouli F, Martin LJ, et al. Influence of age and body size on gastrointestinal transit time of radiopaque markers in healthy dogs. Am J Vet Res 2002;63:677-682.
177. Weber M, Martin L, Biourge V, et al. Influence of age and body size on the digestibility of a dry expanded diet in dogs. J Anim Physiol Anim Nutr (Berl) 2003;87:21-31.
178. Giffard CJ, Seino MM, Markwell PJ, et al. Benefits of bovine colostrum on fecal quality in recently weaned puppies. J Nutr 2004;134:2126S-2127S.
179. Sokolow SH, Rand C, Marks SL, et al. Epidemiologic evaluation of diarrhea in dogs in an animal shelter. Am J Vet Res 2005;66:1018-1024.
180. Hackett T, Lappin MR. Prevalence of enteric pathogens in dogs of north-central Colorado. J Am Anim Hosp Assoc 2003;39:52-56.
181. Epe C, Rehkter G, Schnieder T, et al. Giardia in symptomatic dogs and cats in Europe--results of a European study. Vet Parasitol;173:32-38.
182. Buehl IE, Prosl H, Mundt HC, et al. Canine isosporosis - epidemiology of field and experimental infections. J Vet Med B Infect Dis Vet Public Health 2006;53:482-487.

183. Schulz BS, Strauch C, Mueller RS, et al. Comparison of the prevalence of enteric viruses in healthy dogs and those with acute haemorrhagic diarrhoea by electron microscopy. J Small Anim Pract 2008;49:84-88.
184. Cave NJ, Marks SL, Kass PH, et al. Evaluation of a routine diagnostic fecal panel for dogs with diarrhea. J Am Vet Med Assoc 2002;221:52-59.
185. Grellet A, Feugier A, Chastant-Maillard S, et al. Validation of a fecal scoring scale in puppies during the weaning period. Prev Vet Med 2012;In press.
186. Finlaison DS. Faecal viruses of dogs - an electron microscopy study. Vet Microbiol 1995;46:295-305.
187. Dorosko SM, Mackenzie T, Connor RI. Fecal calprotectin concentrations are higher in exclusively breastfed infants compared to those who are mixed-fed. Breastfeed Med 2008;3:117-119.
188. Hestvik E, Tumwine JK, Tylleskar T, et al. Faecal calprotectin concentrations in apparently healthy children aged 0-12 years in urban Kampala, Uganda: a community-based survey. BMC Pediatr 2011;11:9.
189. Toffan A, Jonassen CM, De Battisti C, et al. Genetic characterization of a new astrovirus detected in dogs suffering from diarrhoea. Vet Microbiol 2009;139:147-152.
190. Williams FP, Jr. Astrovirus-like, coronavirus-like, and parvovirus-like particles detected in the diarrheal stools of beagle pups. Arch Virol 1980;66:215-226.
191. Marshall JA, Healey DS, Studdert MJ, et al. Viruses and virus-like particles in the faeces of dogs with and without diarrhoea. Aust Vet J 1984;61:33-38.
192. Zhu AL, Zhao W, Yin H, et al. Isolation and characterization of canine astrovirus in China. Arch Virol 2011.
193. Martella V, Moschidou P, Lorusso E, et al. Detection and characterization of canine astroviruses. J Gen Virol 2011;92:1880-1887.
194. Martella V, Lorusso E, Decaro N, et al. Detection and molecular characterization of a canine norovirus. Emerg Infect Dis 2008;14:1306-1308.
195. Mesquita JR, Barclay L, Nascimento MS, et al. Novel norovirus in dogs with diarrhea. Emerg Infect Dis 2010;16:980-982.
196. Ntafis V, Xylouri E, Radogna A, et al. Outbreak of canine norovirus infection in young dogs. J Clin Microbiol 2010;48:2605-2608.
197. Mesquita JR, Nascimento MS. Gastroenteritis Outbreak Associated With Faecal Shedding of Canine Norovirus in a Portuguese Kennel Following Introduction of Imported Dogs From Russia. Transbound Emerg Dis 2011.
198. Gookin JL, Birkenheuer AJ, St John V, et al. Molecular characterization of trichomonads from feces of dogs with diarrhea. J Parasitol 2005;91:939-943.
199. De Cramer KG, Stylianides E, van Vuuren M. Efficacy of vaccination at 4 and 6 weeks in the control of canine parvovirus. Vet Microbiol 2010;149:126-132.
200. Hurley KF. Feline infectious disease control in shelters. Vet Clin North Am Small Anim Pract 2005;35:21-37.
201. Gooding GE, Robinson WF. Maternal antibody, vaccination and reproductive failure in dogs with parvovirus infection. Aust Vet J 1982;59:170-174.
202. Waner T, Naveh A, Wudovsky I, et al. Assessment of maternal antibody decay and response to canine parvovirus vaccination using a clinic-based enzyme-linked immunosorbent assay. J Vet Diagn Invest 1996;8:427-432.
203. Macartney L, Thompson H, McCandlish IA, et al. Canine parvovirus: interaction between passive immunity and virulent challenge. Vet Rec 1988;122:573-576.
204. Decaro N, Desario C, Elia G, et al. Occurrence of severe gastroenteritis in pups after canine parvovirus vaccine administration: a clinical and laboratory diagnostic dilemma. Vaccine 2007;25:1161-1166.

205. Tennant BJ, Gaskell RM, Jones RC, et al. Studies on the epizootiology of canine coronavirus. Vet Rec 1993;132:7-11.
206. Yesilbag K, Yilmaz Z, Torun S, et al. Canine coronavirus infection in Turkish dog population. J Vet Med B Infect Dis Vet Public Health 2004;51:353-355.
207. Escutenaire S, Isaksson M, Renstrom LH, et al. Characterization of divergent and atypical canine coronaviruses from Sweden. Arch Virol 2007;152:1507-1514.
208. Evermann JF, Abbott JR, Han S. Canine coronavirus-associated puppy mortality without evidence of concurrent canine parvovirus infection. J Vet Diagn Invest 2005;17:610-614.
209. Sanchez-Morgado JM, Poynter S, Morris TH. Molecular characterization of a virulent canine coronavirus BGF strain. Virus Res 2004;104:27-31.
210. Buonavoglia C, Decaro N, Martella V, et al. Canine coronavirus highly pathogenic for dogs. Emerg Infect Dis 2006;12:492-494.
211. Decaro N, Campolo M, Lorusso A, et al. Experimental infection of dogs with a novel strain of canine coronavirus causing systemic disease and lymphopenia. Vet Microbiol 2008;128:253-260.
212. Decaro N, Elia G, Martella V, et al. Immunity after natural exposure to enteric canine coronavirus does not provide complete protection against infection with the new pantropic CB/05 strain. Vaccine 2009;28:724-729.
213. Simic T. Etude biologique et expérimentale du Trichomonas intestinalis, infectant spontanément l'homme, le chat et le chien. Annales de parasitologie 1932;10:209-224.
214. Burrows RB, William GL. Intestinal portozoan infections in dogs. Journal of the american veterinary medical association 1967;150:880-883.
215. Simic T. Etude complémentaire de l'infection du chien par le trichomonas d'origine humaine, canine et féline. Annales de parasitologie 1932;10:402-406.
216. Lopez J, Abarca K, Paredes P, et al. [Intestinal parasites in dogs and cats with gastrointestinal symptoms in Santiago, Chile]. Rev Med Chil 2006;134:193-200.
217. Gookin JL, Stauffer SH, Coccaro MR, et al. Optimization of a species-specific polymerase chain reaction assay for identification of Pentatrichomonas hominis in canine fecal specimens. Am J Vet Res 2007;68:783-787.
218. Kim YA, Kim HY, Cho SH, et al. PCR detection and molecular characterization of Pentatrichomonas hominis from feces of dogs with diarrhea in the Republic of Korea. Korean J Parasitol 2010;48:9-13.
219. Tolbert MK, Leutenegger CM, Lobetti R, et al. Species identification of trichomonads and associated coinfections in dogs with diarrhea and suspected trichomonosis. Vet Parasitol 2012.
220. Marks SL, Kather EJ. Bacterial-associated diarrhea in the dog: a critical appraisal. Vet Clin North Am Small Anim Pract 2003;33:1029-1060.
221. Suchodolski JS. Intestinal microbiota of dogs and cats: a bigger world than we thought. Vet Clin North Am Small Anim Pract 2011;41:261-272.
222. Suchodolski JS. Companion animals symposium: microbes and gastrointestinal health of dogs and cats. J Anim Sci 2010;89:1520-1530.
223. Suchodolski JS, Xenoulis PG, Paddock CG, et al. Molecular analysis of the bacterial microbiota in duodenal biopsies from dogs with idiopathic inflammatory bowel disease. Vet Microbiol 2010;142:394-400.

Oui, je veux morebooks!

i want morebooks!

Buy your books fast and straightforward online - at one of world's fastest growing online book stores! Environmentally sound due to Print-on-Demand technologies.

Buy your books online at
www.get-morebooks.com

Achetez vos livres en ligne, vite et bien, sur l'une des librairies en ligne les plus performantes au monde!
En protégeant nos ressources et notre environnement grâce à l'impression à la demande.

La librairie en ligne pour acheter plus vite
www.morebooks.fr

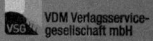 VDM Verlagsservicegesellschaft mbH
Heinrich-Böcking-Str. 6-8   Telefon: +49 681 3720 174   info@vdm-vsg.de
D - 66121 Saarbrücken   Telefax: +49 681 3720 1749   www.vdm-vsg.de

Printed by Books on Demand GmbH, Norderstedt / Germany